Wespen

Ein Portrait
von
Michael Ohl

NATURKUNDEN

NATURKUNDEN № 90

herausgegeben von Judith Schalansky
bei Matthes & Seitz Berlin

Inhalt

Portraits

Begegnungen

Auf der Suche nach Wespen bin ich schon weit herumgekommen: von Griechenland bis Vietnam, von Argentinien bis Australien. Auf jedem Kontinent lohnt sich für meine Forschungsleidenschaft die Reise in die trockenen und heißen Regionen. Überall dort, wo in der Wüste zumindest so viel Feuchtigkeit verfügbar ist, dass die an das harsche Klima angepassten Pflanzen blühen, versammeln sich Heerscharen von stechenden Insekten zur Nektarernte. Wespen, besonders die solitären Arten, deren Weibchen jedes für sich ein Nest anlegt, sind an diesen Orten häufig die dominierende Insektengruppe.

Ganz anders aber ist es in den feuchten Regenwäldern um die Wespen bestellt, besonders um die solitären Arten. Es gibt weniger der kleinen Blüten, und freie, einigermaßen trockene sandige Flächen und Hänge, in denen die Wespen gerne ihre Erdnester anlegen, sind selten. Ein für viele tropische Tierarten bekanntes Phänomen ist die Kombination aus geringer Populationsdichte bei weit verteiltem Vorkommen. In der Wüste versammeln sich die Arten an den wenigen blühenden Büschen, in den tropischen Regenwäldern können sie beinahe überall sein. Nicht von ungefähr nisten viele der hier vorkommenden solitären Arten gar nicht im Boden, sondern in Hohlräumen und Gängen im Holz.

Mitten im Regenwald Perus liegt Panguana, eine Forschungsstation am Río Yuyapichis, seit meiner Studienzeit ein Sehnsuchtsort. Die Station ist untrennbar verbunden mit Juliane Diller, geborene Koepcke, und ihrer legendären Biografie. Julianes Eltern, ein deutsches Zoologenpaar, hatten in den 1950er-Jahren mit dem Aufbau von Panguana als Forschungsstation begonnen und ihre 14-jährige Tochter 1968 ebenfalls dorthin gebracht. Dort lebte sie unter einfachsten Bedingungen mit ihren Eltern, bis sie Ende 1971 als 17-Jährige zusammen mit ihrer Mutter mit einem Flugzeug auf dem Weg nach Lima aus einer Höhe von 3000 Metern abstürzte. Juliane war die einzige Überlebende des Flugzeugabsturzes. 1972 zog sie nach Deutschland und studierte dort Biologie. Im Jahr 2000, nach dem Tod ihres Vaters, übernahm sie dann die Leitung von Panguana. Dank ihres Einsatzes sind dort erhebliche Flächen des Waldes unter Schutz gestellt worden, und Panguana hat sich zu einer prosperierenden und international bekannten Forschungsstation entwickelt. Betreut wird sie ganzjährig von einem Verwalter und seiner Familie, die sich um die Wissenschaftler kümmern, die dort ihre Forschungsprojekte durchführen. Mehrfach im Jahr reist auch Juliane aus Deutschland dorthin.

Als junger Student hatte ich Julianes Vater in der Universität Hamburg getroffen, den berühmten Professor Dr. Hans-Wilhelm Koepcke, der mir einige Wespen aus Panguana für meine Forschung schenkte. Viele meiner zoologisch interessierten Freunde und Kollegen haben Panguana längst besucht und erzählen mit leuchtenden Augen von dem dortigen Artenreichtum. Und von den warmherzigen Menschen, die die Station betreiben und verwalten, allen voran Juliane.

Dorthin also reise ich in diesem Jahr, begleitet von meinem Sohn, der Biologie studiert und schon seit vielen Jahren eine inzwischen professionelle Leidenschaft für Spinnen hat. Juliane ist mit ihrem Mann Erich dabei, der ebenfalls Wespen beforscht, und sie organisiert die komplizierte Anreise. Die letzte Etappe auf einem der motorisierten *Canoes* – lange, flache, einbaumförmige Boote mit einem knatternden Außenbordmotor, die mit hohem Tempo über die Flussarme fahren – ist berauschend. Der Fahrtwind bringt eine angenehme Abkühlung, und die hohen, verfilzten Bäume des Regenwalds, die direkt am Flussufer emporragen, sehen aus wie die Abbildung in einem Ökologielehrbuch. Leider fahren wir nur eine Stunde über den Río Yuyapichis. Dann verlassen wir die schmalen Boote und gehen auf einem langgestreckten Pfad zum höher gelegenen Stationsgelände. Auf dem Weg sehe ich durch die Bäume die ersten Gebäude. An die hohe Luftfeuchtigkeit muss ich mich erst gewöhnen. Meine Vorfreude ist groß, und als wir Panguana betreten und zwischen den Stelzenhütten stehen, kann ich kaum glauben, an diesem legendären Ort angekommen zu sein.

Hier, in den feucht-heißen Lebensräumen, übernehmen die sozialen Wespen die Vorherrschaft unter den stechenden Insekten. In Mitteleuropa sind wir an die großen Papiernester der Deutschen und der Gemeinen Wespen gewöhnt, die sie gern in der Nähe des Menschen anlegen, von dessen Wärme, den schutzgewährenden Gebäuden und dem unerschöpflichen Nahrungsangebot die Wespen profitieren. Große, mehr oder weniger kugelförmige Anlagen mit vielen Hundert unruhigen und in den Sommermonaten überall auftauchenden Arbeiterinnen. Unsere sozialen Wespen sind besonders im Spätsommer so häufig, dass Konflikte zwischen Mensch und Wespe kaum zu vermeiden sind und oft mit dem wohlbekannten, schmerz-

Manche Wespenarten bauen ihre Papiernester verborgen in dichter Vegetation.

haften Stich enden. Ganz anders hier in Panguana. Jedes der hölzernen Stelzenhäuser auf dem Gelände beherbergt mehrere Wespennester, manche unter der Dachtraufe oder an der Außenwand, manche an Stromverteilerkästen aus Kunststoff, viele in den um die Häuser herumstehenden Bäumen und Büschen. Ihre Architektur ist atemberaubend vielfältig: flache, schmale und lange Papiernester – in deren Inneren, das man nur bei Beschädigungen sieht, sich Stapel von Waben befinden – genauso wie offene, kleine Nester der großen, fast schwarzen Feldwespen, die nur aus einer Wabe bestehen. Manche Wespen bauen lange, fadenförmige Nestanlagen, an deren Achse sich eine Kette von übereinanderstehenden Nestzellen reiht. Andere bauen Papierkugeln, auf deren Außenhülle sich während der heißen Phase des Tages zahlreiche Arbeiterinnen aufhalten. Und wieder andere Lehmkugeln in Bäumen. Anders als unsere mitteleuropäischen Wespen unterscheiden sich die verschiedenen Arten von Panguana erheblich in ihrem Aussehen und ihrer Größe.

Mein Sohn Mattes und ich gehen beinahe jede Nacht in den Wald. Nach einigen Tagen machen wir eine unerwartete Entdeckung. Die Augen der Spinnen, die beinahe überall zu sein scheinen, reflektieren das Licht unserer Kopflampen und weisen uns den Weg, um sie zu fangen. Mattes entdeckt eine weiße Seidenkugel, kaum zwei Zentimeter im Durchmesser, die an einem geschraubten Seidenfaden unter einem großen Blatt hängt. Ich kann meinen Augen kaum trauen. Fast alle der rund zehntausend schon bekannten Grabwespenarten, für die ich mich besonders interessiere, leben solitär, die einzige Ausnahme sind die Wespen der Gattung *Microstigmus*. Beinahe dreißig Arten sind bekannt, und sie kommen alle in Süd- und Mittelamerika vor. Viel weiß man nicht über sie, aber die wenigen Arten, die wir kennen, leben im Gegensatz zu allen übrigen Grabwespen sozial: Meist bis zu zehn Weibchen bauen zusammen ein kleines Seidennest, in dem sie mehrere Zellen anlegen, in denen ihre Larven heranwachsen. Als Larvennahrung tragen sie gelähmte Springschwänze oder Thripse ein, oft in großer Zahl. Das einzigartige Sozialleben von *Microstigmus* ist spektakulär und ungewöhnlich.

Als das Nest im Strahl von Mattes' Kopflampe hell aufleuchtet, ziehen vor meinem geistigen Auge die Fotos von ihren Nestern vorbei, die ich in der Forschungsliteratur gesehen habe. Langsam mache ich ein paar Schritte, meine Hände zittern, aber ich muss das Nest sichern. Vorsichtig stülpe ich eine Plastiktüte darüber, in der Hoffnung, dass sich darin Wespenweibchen finden.

Noch in der Nacht erkenne ich im Schein der Kopflampe, dass eine Wespe in der Tüte herumkriecht. Sie ist weniger als zwei Millimeter lang und hellgelb, so winzig und blass, dass ich sie beinahe übersehen hätte. Bis zum Morgen sind es insgesamt neun Weibchen, die aus dem Nest herauskrabbeln. Eine von ihnen bleibt bis zuletzt im röhrenförmigen Nesteingang und schaut mit ihren schwarzen Komplexaugen heraus. Eine Wächterin? So etwas ist bislang noch nicht beschrieben worden. Ich öffne das Seidennest unter dem Mikroskop. Mehrere Puppen und Larven in unterschiedlichen Entwicklungsstadien finden sich darin, außerdem die breiige Nahrungskugel, die aus mehreren Insekten besteht, die ich nicht bestimmen kann.

In den nächsten Nächten finden wir sechs weitere Nester. Das Mikroskop in Panguana reicht nicht, um die winzigen Wespenweibchen genau untersuchen zu können. Die Details, die ich jedoch entdecke, lassen keinen Zweifel daran, dass es sich um eine noch unbeschriebene Art der Gattung *Microstigmus* handelt. Mein Sohn und ich werden die Beschreibung der neuen Wespenart gemeinsam veröffentlichen und sie vielleicht nach Panguana nennen, diesem Sehnsuchtsort am Río Yuyapichis.

Elementarische Leidenschaftsbolde

Wespen sind die faszinierendsten Insekten, die ich kenne. Mit Blick auf die innere Anatomie eines aufpräparierten Regenwurms schrieb der Zoologe Willy Kükenthal 1898 in einem *Leitfaden für das Zoologische Praktikum*, der bis heute erscheint, dass die Organisation und die Farben der Organe des Regenwurms jeden begeistern müssten, »der nicht stumpfen Sinnes ist«. Genauso geht es mir mit den Wespen. Ihre äußere Gestalt, ihr Verhalten und ihre Nester sind derart faszinierend, dass man nicht anders als begeistert sein kann. Man muss nur genau hinschauen.

Dennoch haben Wespen weithin einen schlechten Ruf. Sie gelten als das bösartige Spiegelbild der Bienen, dem ›Lieblingskind der Philosophen‹, wie der US-amerikanische Wespenforscher Howard E. Evans die nektarsammelnde Honigbiene nannte. Auch er und seine Kollegin Mary Jane West-Eberhard wissen in ihrem Buch *The Wasps* vom miserablen Image der Wespen zu berichten:

> *Sie terrorisieren Hausfrauen, ruinieren Picknicks und bauen große, freihängende Nester, die für leichtfüßige, Steine werfende Jungen überall auf der Welt eine Herausforderung sind.*

Sieht man einmal von Evans' veraltetem Rollenverständnis der geplagten Hausfrau und der wagemutigen Jungen ab, trifft seine Beschreibung doch recht gut das Bild der Wespen in unserer Ge-

Die sandig-trockene Heidelandschaft ist ein Paradies für viele Wespenarten und andere Insekten.

sellschaft: Sie verderben die gemütliche Kaffeetafel im Spätsommer, knabbern in Vielzahl an überreifem Obst, und überhaupt verbreiten sie schlechte Laune und Hektik. Gefürchtet werden sie von allen, manche Menschen leiden sogar unter einer sogenannten Spheksophobie, einer übersteigerten Angst vor Wespen.

Kassandra, die Lehrerin von Biene Maja in Waldemar Bonsels' gleichnamiger Erzählung von 1912, warnt Maja vor ihrem ersten Flug über die Wiese voller Gefahren und Herausforderungen besonders vor den Wespen und Hornissen:

> *Sei höflich und gefällig gegen alle Insekten, die Dir begegnen,* [...] *aber hüte Dich vor den Hornissen und Wespen. Die Hornissen sind unsere mächtigsten und bösesten Feinde, und die Wespen sind ein unnützes Räubergeschlecht ohne Heimat und Glauben. Wir sind stärker und mächtiger als sie, aber sie stehlen und morden, wo sie können.*

In Hunderten von Schriften werden die Honigbienen als Vorbild eines idealen Organismus gesehen und für ihr Leben in einem idealen Staat gepriesen. Die Wespen dagegen gelten als *trouble maker*, als Unholde und Störenfriede. Der deutsche Philosoph und Schriftsteller Theodor Lessing aber sieht gerade in ihnen, wegen ihres wilden, scheinbar ungeregelten Lebens, durch ihre »anarchistisch-individualistische Wüstheit, die jeden Volksstaat zertrümmert«, weniger langweilige und naturnähere Wesen als die kultivierten und gezähmten Honigbienen. Über diese »elementarischen Leidenschaftsbolde« schreibt er:

> *Die Biene opfert das Leben dem Werk; die Wespe opfert alles Werk dem Leben. Sie ist tragisch und heroisch, und das heißt denn freilich*

> *unmoralisch und unbürgerlich. Im Bienenstaat offenbart sich nichts als klügste Politik und feinste Kultur. Im Wespenhaufen aber leidet und stirbt Gott selber.*

In der Erzählung *Das Wespennest* von Willy Kramp führt der Ich-Erzähler einen ganz persönlichen Kampf gegen ein Wespennest, das seinen Frieden und den seiner Familienmitglieder und Gäste bedroht. Im Traum gerät er in ein kontroverses Gespräch mit der Wespenkönigin, in dem sie sagt:

> [I]*ch gebäre mein Volk aus dem Nichts. Wenn der Winter vergangen ist, bin ich zugleich Ende und Ursprung dieses Volkes. Eines Volkes von Kriegern und – wenn Sie so wollen – Räubern. Ja, allerdings! Wir haben noch die Kraft und Gelassenheit, zu töten. Wir kennen Liebe und Haß. Wir wissen von Sieg und Untergang. Wir gleichen nicht jenen kläglichen Bienen-Robotern, die mit ihrer armselig-friedlichen Funktion identisch sind. Bei uns gibt es Originale. Staatsfeindliche Nonkonformisten, die ihren eigenen Weg gehen. Was aber meine Monarchie betrifft, so ist sie die einzige in der ganzen Welt, die diesen Namen verdient; und sie ist auf Vitalität wie Tradition gleichermaßen gegründet.*

Lessing wie Kramp sehen in den Wespen das wilde, anarchistische Gegenüber der zivilisierten Honigbienen. Sie gelten dabei üblicherweise als fleißige, dienstbare Mitglieder eines als ideal geltenden Staates, die widerspruchsfrei ihren Dienst an der Gemeinschaft leisten. Wie besonders augenfällig bei Waldemar Bonsels' *Biene Maja* wird die Verherrlichung der konformistischen Bienengesellschaft mit monarchistisch-nationalistisch, nicht selten sogar mit sozialdarwinistischen und rassistischen

Wespen werden vom Menschen als bewaffnete Wächter ihres Volkes gesehen, mit denen man sich besser nicht anlegt.

Tönen hinterlegt. Dem setzen Lessing und Kramp in ihren jeweiligen Zeitkontexten das Bild der nonkonformistischen Wespen entgegen, die in ihrem Dienst an der Gemeinschaft selbst ungebändigt erscheinen. Wespen dienen dabei im Gegensatz zu den Honigbienen nicht roboterhaft einem übergeordneten Staatsideal, sondern scheinen sich freiwillig selbst einem Ideal zu verpflichten. Der biologische Blick auf Wespen und Honigbienen aber zeigt, dass hochadaptive Steuerungsmechanismen und ausgeklügelte Kommunikationswege die Grundlage für das Funktionieren des Staates darstellen.

Fragt man mich nach meinem Beruf, hängt meine Antwort davon ab, mit wem ich spreche. Ich versuche sie so zu wählen, dass in den Köpfen meines Gegenübers das richtige Bild entsteht. Sage ich: ›Ich bin Biologe‹, löst das unter meiner Bekanntschaft eine eher zwiespältige Reaktion aus, und auch unter Naturwissenschaftlern ist das Renommee der Biologie als Wissenschaft nicht problemlos. Mit ›Kurator‹ oder ›Kustos‹ sieht es nicht viel besser aus. Der Mief alter Sammlungen umwabert mich, kaum dass die Begriffe ausgesprochen sind. Außerhalb meiner wissenschaftlichen Community versuche ich es des Öfteren mit ›Wespenforscher‹. Der Begriff geht mir gut von den Lippen und spiegelt wider, dass der Gegenstand meiner empirischen Forschungsarbeit tatsächlich Wespen sind, auch ein wenig Bienen und Ameisen, die ich mit den Wespen manchmal als ›alles, was hinten sticht‹ zusammenfasse. Aber auch das Bild des Wespenforschers trifft die Sache noch nicht wirklich, weil ich nur teilweise das mache, was typischerweise ein Entomologe oder Wespenforscher tut.

Neben Biologie habe ich auch Philosophie und Wissenschaftsgeschichte studiert, und ich beschäftige mich mit Fragen, die über mein empirisch-biologisches Fachgebiet hinausreichen. Biologie ist wie jede Naturwissenschaft eine kulturelle Tätigkeit, die vom Zeitgeschehen ebenso beeinflusst wird wie von den Persönlichkeiten ihrer Akteure. Das wird besonders deutlich bei weiteren Begriffen zu meiner Profession, die ich auch manchmal verwende, zum Beispiel ›Taxonomie‹ als Wissenschaft der Entdeckung, Beschreibung und Benennung biologischer Arten. Taxonomie war lange Zeit eine belastete Bezeichnung einer längst veralteten Disziplin der briefmarkensammlerartigen Katalogisierung der Natur. In den letzten Jahrzehnten hat die Taxonomie eine Renaissance erfahren, die bedauerlicherweise erst möglich wurde, als durch Klimawandel und Umweltzerstörung die Artenvielfalt überall auf der Welt im Niedergang begriffen war. Der Taxonomie allerdings ist es nur teilweise gelungen, den Staub historischer Vorurteile abzuschütteln, und so wird Taxonomie heutzutage manchmal durch andere Begriffe wie ›Biodiversitätsentdeckung‹ ersetzt.

Ich erzähle das alles, weil es stellvertretend dafür steht, dass man selbst so alltäglich wirkende Geschöpfe wie die Wespen, von denen die meisten Menschen eine recht starre, überwiegend negativ geprägte Vorstellung haben, aus vielerlei Perspektiven sehen kann. Ich bin also als gelernter Biologe von Beruf doch auch Wespenforscher. Eine seltsame Profession, mag man denken, und tatsächlich gibt es für dieses Forschungsfeld weder einen eigenen Studiengang noch einen Berufsabschluss. Am Museum für Naturkunde in Berlin, dem imposanten Gebäude an der Invalidenstraße mit dem respekteinflößenden Skelett des *Giraffatitan brancai* – besser bekannt als *Brachiosaurus brancai* – im Lichthof, habe ich mich in meiner naturkundlichen Forschung auf Wespen spezialisiert. Auf der Suche nach ihnen reise ich besonders gern in deren trocken-heiße Lebensräume. Nicht so sehr, um Wespen und ihr Verhalten zu beobachten, sondern um herauszufinden, welche Arten von Wespen es auf der Erde gibt. Die Frage danach, mit welchen und mit wie vielen Organismenarten wir unseren Planeten teilen, ist eine der ältesten und grundsätzlichsten der Naturkunde. Die Erkenntnis, dass die Lebewelt kein ineinanderfließendes Kontinuum ist, sondern dass die enorme Formenvielfalt, die wir überall um uns herum beobachten, aus diskreten Einheiten besteht, war fundamental für die Naturforschung. Unsere Vorstellung von der Evolution der Biodiversität hängt ganz wesentlich davon ab, die Arten als ihre zentralen Elemente zu entdecken, zu erfassen und zu benennen. Taxonomie, die Wissenschaft der Entdeckung, Beschreibung und Benennung von Arten, ist der »Schlüssel zum Leben«, wie der neuseeländische Biodiversitätsforscher Mark Costello etwas überspitzt zusammenfasste.

Es ist nicht nur die Vielfalt der Formen und Gestalten der Wespen, die mich fasziniert, und es ist auch nicht nur das komplexe Verhalten, das die Wespen so interessant macht. Die wahrscheinlich wichtigste Innovation der Wespen ist ihr Stachel als ein Instrument, um mithilfe eines hochspezialisierten Giftes wohldosiert Schmerz und Verletzung herbeizuführen. Es ist dieser Stachel, der den meist bunt gefärbten Tieren in ihrem beschaulichen Blütenbesuch die Süße nimmt, und es ist das Gift, das, auf das Genaueste auf ihre Angreifer abgestimmt, eine lebenswichtige Eigenschaft von Tieren ausnutzt, nämlich ihr Schmerzempfinden. Stachel und Schmerz, das ist das Wesen der Wespen.

Beobachtet man eine Wespe am Pflaumenkuchen oder an ihrem Nest oder auch beim Stechen eines Angreifers, lernt man vieles über den Blick der Wespen auf ihre Umwelt. Jede Wespe macht einfach ihr Ding. Sie sucht Futter, entweder für sich oder für andere. Sie scheint keine Angst zu kennen. Ihre Gegenwart in schwarz-gelber Warntracht und dem Wissen um den Schmerz, den ihr Stachel verursachen kann, verlangt Respekt. Eine gewisse Aggressivität geht von ihr aus, nicht zu viel, aber doch ausreichend, um sie ernst zu nehmen. Das ganze Auftreten der Wespe dient offensichtlich ihrem eigenen Wohlergehen und dem ihrer Familie im heimatlichen Nest. Es ist schwer, Wespen nicht zu bewundern. Noch schwerer ist es, bei der Beschreibung des Wespenverhaltens unbewusste Anthropomorphismen zu vermeiden.

Wagen wir uns also in die Welt der Wespen. Vorweg aber bedarf es einer begrifflichen Klärung. ›Wespe‹ ist ein unscharfer Begriff, der ganz verschiedene Insekten meint, auch wenn die meisten Menschen an die sozialen Arten denken, die uns in den gemäßigten Breiten im Spätsommer lästig werden. Bei Tieren spricht man dann von Sozialität, wenn ihr Zusammenleben durch bestimmte Eigenschaften gekennzeichnet ist: Die Mitglieder einer Gemeinschaft kooperieren miteinander bei der Aufzucht des Nachwuchses, sie haben eine reproduktive Arbeitsteilung, bei der üblicherweise nur ein Geschlechtstier das Eierlegen übernimmt, während die übrigen als sterile Arbeiterinnen alle anderen Tätigkeiten durchführen, und es lebt zeitgleich mehr als eine Generation in der Gemeinschaft. Ameisen sind die bekanntesten Insekten mit sozialer Lebensweise, aber auch unter den Wespen gibt es weltweit rund 800 soziale Arten. Daneben gibt es Schlupfwespen, Erzwespen, Goldwespen, Grabwespen und alle möglichen anderen Wespen, die zwar mit Fug und Recht als Wespen bezeichnet werden, die jedoch nahezu alle nicht sozial, sondern solitär leben. Das bedeutet, dass jedes Weibchen für sich ein einzelnes Nest baut, das sie ganz allein mit Larvennahrung versorgt.

Wespen gehören zur Insektenordnung der Hymenoptera, den Hautflüglern, zu denen neben den Wespen auch die Bienen

Wespen sind die nächsten Verwandten von Ameisen und Bienen. Zusammen nennt man sie auch Wehrstachelimmen.

und Ameisen zählen. Dass diese drei auf den ersten Blick gar nicht so ähnlichen Insektenvertreter etwas miteinander zu tun haben, kann erstaunen, aber tatsächlich bilden sie eine evolutive Einheit nah miteinander verwandter Arten. Hautflügler ist kein in der Alltagssprache verankerter und damit auch kein vertrauter Name, ganz im Gegensatz zu den Käfern oder Schmetterlingen. Das macht das Sprechen über sie schwierig, obwohl die Hymenopteren eine der vier mega-diversen Insektenordnungen sind. Neben den Käfern (Coleoptera) mit rund 400 000 weltweit bekannten Arten, den Schmetterlingen (Lepidoptera) und den Fliegen und Mücken (Diptera) mit jeweils etwa 160 000 Arten spielen die Hautflügler mit beinahe 153 000 bekannten Arten ebenfalls in der Oberliga der Artenvielfalt mit.

Noch überraschender ist vielleicht, dass Hautflügler in Mitteleuropa die artenreichste Insektengruppe sind. In Deutschland sind bislang 9183 Fliegen- und Mückenarten, 6492 Käferarten und 3602 Schmetterlingsarten, aber immerhin 9318 Hautflüglerarten nachgewiesen worden. Das sind wahrlich imposante Zahlen, besonders wenn man sich vor Augen führt, dass es auf der Erde nur rund 6000 Säugetier- und vielleicht 10 000 Vogelarten gibt.

Als ordentliche Insekten sind auch die Hautflügler mit einem stabilen Außenskelett aus Chitin umgeben, das aber nicht starr, sondern mithilfe von Gelenken und Membranen beweglich ist. Hautflügler sind dreigeteilt und besitzen einen Kopf, einen Thorax genannten Brustabschnitt und einen Hinterleib, das Abdomen. Am Thorax, der manchmal auch als Lokomotionszentrum der Insekten bezeichnet wird, befinden sich neben sechs Beinen auch zwei Flügelpaare, zumindest bei den meisten Arten. Diese Flügel sind dünnhäutig, wenn auch manchmal gefärbt, und genau das hat ihnen ihren Namen eingebracht. Vorder- und Hinterflügel sind im Flug mithilfe kleiner Häkchen am Vorderrand des Hinterflügels miteinander gekoppelt und bilden gemeinsam eine große Flügelfläche. Die Wissenschaftler sprechen von ›physiologischer Zweiflügeligkeit‹.

Nach dem Thorax wird es kompliziert. Der Hinterleib ist dem Thorax dicht angeschlossen und das erste Hinterleibssegment mit dem letzten Thoraxsegment untrennbar verschmolzen. Die bekannte Wespentaille vieler Hymenopteren vermittelt einen irrigen Eindruck. Sie trennt nicht Thorax und Abdomen, wie man annehmen könnte, sondern das erste vom zweiten Hinterleibssegment. Um begriffliche Verwirrung zu vermeiden, haben daher die vor und hinter der Wespentaille liegenden Körperabschnitte eigene Bezeichnungen erhalten, nämlich ›Mesosoma‹ für den Abschnitt zwischen Kopf und Taille und ›Metasoma‹ für den Rest des Abdomens nach der Taille. Die Wespentaille dient der freieren Beweglichkeit des Hinterleibs bei der Eiablage und beim Stechen.

Die Weibchen vieler Hautflügler haben, genau wie die der meisten übrigen Insekten, einen Eilegeapparat, der bei der Mehrzahl der Arten stachelförmig oder säbelförmig ist. Schlupfwespen mit ihrem oft langen, aus dem Hinterleib herausragenden Stachel sind dafür ein Beispiel. Bei Stechimmen oder Wehrstachelimmen, wissenschaftlich Aculeata, allerdings ist dieser Eilegeapparat zu einem Wehr- und Jagdstachel umgebildet worden. Zur Eiablage besitzen sie eine sekundäre Eilegeöffnung an der Basis des Stachels. Damit ist aber auch klar: Kein Wespenmännchen kann stechen, auch wenn manche so tun als ob!

Die Verengung des Wespenkörpers zwischen Brust und Hinterleib gab begrifflichen Anlass zur fragwürdigen Mode der überschlanken Wespentaille.

Die gut bekannten Ameisen und Bienen gehören mit mehreren Zehntausend bekannten Arten auch zu den stechenden Hautflüglern, werden aber in den meisten Sprachen bereits begrifflich von den Wespen unterschieden. Ich will mich im Weiteren aber ganz und gar auf Wespen konzentrieren. Als Wespe bezeichnet man alle stechenden Hautflügler, die keine Ameisen oder Bienen sind. Hierzu gehört eine Vielzahl von Wespengruppen, die man auch im eigenen Garten sehen kann. Metallisch glänzende Goldwespen sonnen sich manchmal auf Holzpfosten, Wegwespen schleppen gelähmte Spinnen zu ihrem Nest, und Sandwespen, die zu den Grabwespen gehören, sieht man mit grünen Raupen zwischen den Beinen eilig durchs Gras laufen. Eine Wespengruppe nennt sich Faltenwespen, weil sie ihre Flügel in Ruhestellung der Länge nach falten. Die Flügel sind lang und schmal mit einer auffällig geraden Faltkante an ihrer Innenseite.

Unter diesen Faltenwespen gibt es eine Gruppe mit ausnahmslos sozialen Arten – von ein paar sozialparasitischen Ausnahmen abgesehen –, die man fachwissenschaftlich als Vespinae oder als soziale Faltenwespen bezeichnet. Sie machen nur ein Prozent der weltweiten Artenvielfalt stechender Hautflügler aus, bestimmen jedoch mehr als jede andere Gruppe unser Bild der Wespen. Denn zu den sozialen Faltenwespen gehören auch die in Mitteleuropa so häufigen Arten wie die Deutsche Wespe *Vespula germanica*, die Gemeine Wespe *Vespula vulgaris* und die Europäische Hornisse *Vespa crabro*. Es sind die Deutsche und die Gemeine Wespe, die in Mitteleuropa den allergrößten Teil der Wespenmasse ausmachen, die als Kulturfolger dem Menschen auf der Spur sind, süße Sachen vom Kuchenteller naschen, und die die bei Weitem häufigste Ursache für Konflikte zwischen Mensch und Wespe sind.

Derartige Konflikte nehmen im Lauf des Sommers zu und erreichen im Spätsommer ihren Höhepunkt. Viele Menschen interpretieren diese Beobachtung als eine Zunahme der Aggressivität der Wespen. »Wespen jetzt voll Aggro« lautete der Titel eines Artikels in einer Juli-Ausgabe der *Bild*-Zeitung, und es ist in den Medien regelmäßig von einer Wespenplage die Rede. Tatsächlich erreichen die Staaten unserer heimischen *Vespula germanica* und *Vespula vulgaris* je nach Witterungsverlauf im August oder September den Höhepunkt der Entwicklung ihrer Völker. Sie bestehen dann häufig aus mehreren Tausend Arbeiterinnen. Diese Heerscharen von Wespen sind immer auf der Suche nach fleischlicher Nahrung als Futter für die Larven im Nest und zuckerhaltigen Substanzen als Energielieferant für sie selbst, nach Holzfasern zum Nestbau und nach Wasser, das sowohl zur eigenen Aufnahme als auch zum Anfertigen des Papiermaschee-Pulps dient. In dieser Zeit suchen die Arbeiterinnen, deren Nester nicht selten in der Nähe von Gebäuden oder darin selbst angelegt werden, in großer Zahl die Nähe des Menschen, wo sie im Abfall, aber auch in Biergärten und bei Gartenfesten fündig werden. In dieser Zeit gibt es besonders in Großstädten oft so viele Wespen, dass es den Eindruck macht, sie wären überall. An Orten, die besonders ergiebige Quellen für kohlenhydratreiche Nahrung in Form von Zucker sind, wie beispielsweise Bäckereien, kann die Vielzahl an Wespenarbeiterinnen das Leben für die menschlichen Mitarbeiter unerträglich machen. Und besonders an warmen Tagen, an denen die Wespen als wechselwarme Organismen so-

Die Arbeiterinnen sozialer Wespen kommen gerne an den gedeckten Tisch, aber eher nicht an eine Zitrone. Giovanna Garzoni, Stilleben mit einer Schale Zitronen, *Mitte des 17. Jahrhunderts.*

wieso aktiver sind, erweckt es den Anschein, die Wespen seien besonders aggressiv. In den Medien wird dann mit jährlicher Verlässlichkeit eine ›Wespenplage‹ heraufbeschworen, die in der Regel nur den saisonalen Höhepunkt des Nestwachstums widerspiegelt.

Wie andere Insekten leiden auch die sozialen Faltenwespen unter dem Klimawandel und anderen Faktoren, die zu einem dramatischen Rückgang der Artenzahlen und der Biomasse führen. Aus gutem Grund sind Wespen nach dem Bundesnaturschutzgesetz geschützt und dürfen nicht mutwillig beunruhigt, gefangen, verletzt oder getötet werden. Auch ihr Nest darf nicht zerstört werden.

Hat ein Nest zum Ende des Sommers seinen Höhepunkt erreicht, beginnt die Aufzucht von Geschlechtstieren. Aus befruchteten Eiern der Königin entwickeln sich sowohl Arbeiterinnen als auch neue Jungköniginnen. Im Gegensatz zu den Arbeiterinnen werden die sich zu Königinnen entwickelnden Larven besonders gut gefüttert und wachsen in größeren Königinnenzellen heran. Männchen entwickeln sich wie bei allen Hautflüglern aus unbefruchteten Eiern.

Mit der Aufzucht und dem Schlüpfen der Geschlechtstiere nimmt die Zahl an Arbeiterinnen zwangsläufig mehr und mehr ab, bis schließlich ihre Zahl nicht mehr ausreicht, die Larven zu versorgen. Unterschreitet die Gesamtzahl an Arbeiterinnen einen kritischen Wert, ist das Nest dem Untergang geweiht. Das gesamte Volk inklusive der Königin stirbt schließlich, und das Papiernest verfällt ohne die kontinuierlichen Pflegearbeiten der Arbeiterinnen zunehmend. Es wird im nächsten Jahr nicht wieder genutzt.

Die künftigen Königinnen und die Männchen haben unmittelbar nach dem Schlüpfen das Nest verlassen und kopulieren miteinander. Die männlichen Spermien werden in einer speziellen Tasche der inneren Genitalorgane der Jungkönigin aufbewahrt, der Spermatheca, und bleiben dort ein Jahr bis zum Ende der nächstjährigen Saison befruchtungsfähig, also bis zum Lebensende der Königin. Diese produziert in ihren Ovarien ihr Leben lang große Mengen an Eiern, die auf dem Weg zur Eilegeöffnung von den aufbewahrten Spermien befruchtet werden. Nach der Paarung sterben die Männchen. Die befruchteten Jungköniginnen dagegen suchen sich ein geeignetes Versteck, in dem sie in einer typischen Überwinterungshaltung die kalte Jahreszeit überdauern. Im Frühjahr, nach dem Entomologen Friedrich Schremmer meist »zur Zeit der Schlehdornblüte«, also im Mai, manchmal schon im April, erwachen die überwinterten Jungköniginnen. Zuallererst suchen sie danach Nahrung für sich selbst und erst dann einen geeigneten Platz zum Bau eines neuen Nestes. Der Jahreszyklus beginnt von Neuem.

Ein unnützes Räubergeschlecht ohne Heimat und Glauben

Wespen haben ein Imageproblem, keine Frage. Seirian Sumner, eine britische Wespenforscherin, die unermüdlich versucht, das Image von Wespen aufzupolieren, hat sich in einer wissenschaftlichen Studie eine simple Frage gestellt, auf die sich alles zuspitzen lässt: Warum lieben wir eigentlich Bienen, hassen hingegen Wespen? Die Ausgangsvermutung scheint nur allzu wahr zu sein, aber Sumner wollte es als Wissenschaftlerin genau wissen. Sie und ihre Arbeitsgruppe haben dazu 750 Menschen der allgemeinen Öffentlichkeit zu verschiedenen Insektengruppen befragt. Sie baten die befragten Personen, bis zu drei Wörter zu nennen, die sie mit ›Wespe‹ und ›Biene‹ assoziieren, und auch mit ›Fliege‹ und ›Schmetterling‹, aber das soll uns hier nicht weiter interessieren. In die Top Ten der häufigsten Begriffe für ›Biene‹ schafften es folgende Begriffe: Honig, Blüten, Summen, Stachel, Bestäubung, Pollen, Gelb, Hummel, Bienenstock, Streifen. Gefragt nach den Wespen, gaben die Studienteilnehmer folgende Begriffe an: Stachel, lästig, Schmerz, Nest, gefährlich, Streifen, Summen, Gelb, zornig, beängstigend.

Auffallend ist, dass die meisten der für Bienen gewählten Begriffe auf ihre Funktion und Nützlichkeit Bezug nehmen, also zum Beispiel Honig, Blüten, Pollen, Bestäubung. Das steht im Gegensatz zu den für Wespen gewählten Wörtern, die zum überwiegenden Teil negative Empfindungen ausdrücken: lästig, gefährlich, zornig, beängstigend.

Die Larven der großen Dolchwespen sind Parasiten an Käferlarven.

Im Rahmen ihrer Studie hatten Sumner und ihre Arbeitsgruppe zudem über einen Fragenkatalog versucht, das Interesse der Befragten an der Natur und ihr Wissen über Wespen, Bienen, Fliegen und Schmetterlinge miteinander in Verbindung zu bringen. Insgesamt konnte Sumner zeigen, dass das vermutete Stereotyp der geliebten Biene und der verhassten Wespe tatsächlich dominiert. Zwei Faktoren scheinen dabei für die emotionale Positionierung der Befragten wichtig zu sein. Zum einen das allgemeine Interesse an der Natur, und zum anderen wie bewusst den Menschen die ökologische Rolle von Bienen und Wespen ist. Je geringer das allgemeine Naturinteresse und das Wissen über Wespen, umso negativer das Wespenimage. Und andershcrum: Je mehr Menschen über Wespen und ihre Funktion und Rolle wissen, desto wertschätzender äußern sie sich über sie.

Wenn ich mich mit anderen über Wespen und meinen Beruf unterhalte, löst in mir keine Reaktion so ambivalente Gefühle aus wie die Frage, warum es eigentlich Wespen gibt. Diese Frage kommt häufiger, als man vielleicht denkt: Braucht man die überhaupt? What's the point of wasps? Oder auch: Wespen stellen keinen Honig her und bestäuben keine Blüten, wozu dienen sie also? In ihrer ganzen Unschärfe, wonach eigentlich genau gefragt wird, ist diese Frage interessanter als die nach dem ›Nutzen‹ von Wespen.

Wenn man also fragt, warum es Wespen gibt, kann man ebenso gut danach fragen, warum es Elefanten, Sibirische Tiger, Regenwürmer, Tigermücken oder sonst eine biologische Art gibt. Die allgemeinere Frage lautet also: Warum gibt es biologische Arten? Als Biologe neige ich dazu, zuerst weniger an den ›Zweck‹ einer Art zu denken, sondern vielmehr an die evolutiven Bedingungen, unter denen eine Art entstanden ist. Viele Regalmeter an Büchern sind zur biologischen Art, ihrem Wesen und ihrer Entstehung geschrieben worden. Die meisten Naturwissenschaftler sind sich darin einig, dass Arten Gruppen von Individuen sind, die durch Vorfahren-Nachfahren-Beziehungen miteinander verbunden sind. Diese Gruppen unterscheiden sich durch bestimmte Merkmale von anderen Gruppen von Individuen. Bei zweigeschlechtlichen Organismen, die sich durch Sex fortpflanzen, ist die wichtigste Eigenschaft die Fähigkeit, gemeinsam fruchtbare Nachkommen zu erzeugen – und schon an dieser Stelle könnte man mir auch wortreich widersprechen, zumindest zu ergänzen versuchen. Ich will es also auf den vielleicht kleinsten gemeinsamen Nenner bringen: Biologische Arten als kohärente Gruppen von Individuen sind das Ergebnis des historischen Evolutionsprozesses. Die Evolution der Millionen von Arten vielzelliger Tiere verläuft dabei weder geradlinig noch zielgerichtet, sondern ist das Ergebnis zufälliger genetischer Veränderungen und des natürlichen Selektionsprozesses. Kleinste Änderungen in den historischen Parametern der Erdgeschichte hätten womöglich ganz andere Arten zutage gefördert als die, die wir heute auf der Erde finden oder die bereits ausgestorben sind. Fragt man also, warum es genau diese Wespen mit genau diesen Eigenschaften gibt, ist eine sinnvolle Antwort kaum zu finden, außer man verweist auf den Zufall als großen Treiber des Evolutionsprozesses. Vor diesem Hintergrund lautet die Antwort auf diese Frage also: Weil die Evolution die Wespen in einem von vielen Faktoren bestimmten Prozess, von denen der Zufall ein wichtiger ist, erschaffen hat.

Süße und besonders vergorene Früchte locken dagegen oft Wespen an. Panfilo Nuvolone, Stillleben mit Trauben und Pfirsichen, *ca. 1617.*

Der Kern der Frage, warum es Wespen gibt, ist zu meinem Bedauern für viele Menschen aber ein ganz anderer. Sie fragen nach deren Zweck. Wie Sumners Umfrage gezeigt hat, sehen die Befragten bei den Honigbienen insbesondere deren Funktion einerseits für die Natur, andererseits aber und sicherlich besonders für uns Menschen. Wenn Wespen nur herumnerven und lästig sind, dafür aber noch nicht einmal einen erkennbaren Beitrag zum Wohlergehen der Natur und des Menschen leisten, warum gibt es sie überhaupt?

Mit dieser Frage befasst sich ein Konzept, das als Ökosystemdienstleistungen bezeichnet wird. Unter Ökosystemdienstleistungen werden Funktionen und Leistungen der Natur zusammengefasst, die direkt oder indirekt der Lebensqualität des Menschen dienen. Per Definition sind Ökosystemdienstleistungen eine vollkommen anthropozentrische Perspektive auf die Relevanz der Natur und ihrer Elemente. Solche Dienstleistungen reichen von der Bereitstellung von Nahrung, Pharmaka und Rohstoffen bis hin zu Funktionen im Kultur-, Freizeit- und Bildungsbereich. Menschliches Leben und menschliche Kultur wären ohne Ökosystemdienstleistungen nicht denkbar, und sie zu verstehen und zu benennen kann als Basis für umweltpolitische und umweltschützerische Entscheidungen dienen. Auch wenn die Diskussion um den Wert der Natur vielschichtiger und komplexer ist als die anthropozentrische Perspektive, die ausschließlich nach dem Nutzen der Natur oder einer Art für den Menschen fragt, muss sie dennoch geführt werden, weil sie interessante Blickwinkel auf die Wespen eröffnet.

Welches also sind die Ökosystemdienstleistungen stechender Hautflügler? Was tun sie für den Menschen? Seirian Sumner und einige ihrer Kollegen haben sich auch mit dieser Frage ausführlich befasst und eine lange Liste von Dienstleistungen von Wespen, Bienen und Ameisen zusammengestellt.

Die sogenannte ›bereitstellende Dienstleistung‹, an die man bei Insekten allgemein und besonders bei Bienen denkt, ist die Blütenbestäubung. Etwa 75 Prozent der vom Menschen angebauten Nutzpflanzen hängen direkt von bestäubenden Insekten ab. Einige wenige von ihnen, Sumner nennt 164 Arten, werden ausschließlich von stechenden Wespen bestäubt. Aber auch ansonsten tragen Wespen zur Bestäubung derjenigen Pflanzen bei, die überwiegend von Bienen besucht werden.

Die sicherlich bedeutendste Dienstleistung der Wespen beruht aber darauf, dass ihre Larven Fleischfresser sind. Die Arbeiterinnen eines großen Nestes mit mehreren Hundert oder sogar Tausenden von zur selben Zeit hungrigen Larven sind ununterbrochen damit beschäftigt, Fleisch als proteinreiche Nahrung herbeizuschaffen. Dazu fangen die Wespenarbeiterinnen insbesondere Insekten und andere Gliederfüßer, die sie töten und zu einer Nahrungskugel zerkauen und dann an die Larven verfüttern. Studien haben gezeigt, dass in Neuseeland die Nester der Gemeinen Wespe *Vespula vulgaris* in einer Saison rund 4,8 Millionen solcher Beutekugeln pro Hektar in ihr Nest eintragen. Nach Neuseeland wurde die Art eingeschleppt, und sie ist inzwischen eine ernstzunehmende Invasorin. So nützlich die Wespen auch in ihren natürlichen Lebensräumen sind, können sie in andere Regionen eingeschleppt eine erhebliche Bedrohung der einheimischen Fauna und Flora sein. Man schätzt, dass die Gemeine Wespe in Neuseeland jährlich einen wirtschaftlichen Schaden von 100 Millionen US-Dollar verursacht. Die zunehmende Zahl von Nestern in den Städten stellt zudem eine enorme Belästigung der Bevölkerung dar.

Wespen sind nun nicht nur allgemein effektive Widersacher gegen alle möglichen Arten von Arthropoden, sondern auch speziell gegen solche Arten, die aus menschlicher Sicht als Schädlinge gelten – Insekten und andere Gliederfüßer, die durch Fraß die Erträge in der landwirtschaftlichen Produktion negativ beeinflussen, Überträger von Krankheitserregern oder schlicht auch nur lästig sind. Inzwischen sind eine ganze Reihe

Soziale Wespen tragen enorme Mengen an fleischlicher Nahrung für ihre Larven im heimischen Nest ein.

von Insektenarten auch kommerziell für die biologische Schädlingsbekämpfung verfügbar, darunter gibt es bisher aber nur eine echte Wespe, nämlich die Grabwespe *Ampulex compressa*, die zur Bekämpfung von Schaben eingesetzt wird. Soziale Wespen haben als effektive Räuber ein großes Potenzial als Mittel für die biologische Schädlingsbekämpfung, das es noch auszuschöpfen gilt.

In den letzten Jahren wurde auch verstärkt diskutiert, inwieweit Insekten als Nahrungsmittel dienen könnten. Die 2017 veröffentlichte Liste von essbaren Insekten der Welt enthält rund 2000 Insektenarten, von denen rund 15 Prozent Hautflügler sind, mehr als einhundert Arten davon sind Wespen. In vielen Ländern weltweit spielen insbesondere soziale Wespen eine bedeutende Rolle als Nahrungsergänzung. Wegen der großen Menge an Larven enthalten ihre Nester eine große Nährstoffmenge, sodass sich der Aufwand der Ernte lohnt. Wespenlarven haben mit 46 bis 81 Prozent einen ungewöhnlich hohen Proteingehalt in der Trockenmasse. Dabei enthalten sie etwa 70 Prozent der vom Menschen benötigten Aminosäuren, und ihr Fettgehalt ist sehr gering.

In Japan werden bei der Herbsternte Wespennester für bis zu 100 US-Doller pro Kilo verkauft, und der Bedarf ist so groß, dass Nester aus China, Neuseeland und Korea nach Japan importiert werden. In vielen tropischen Ländern Südostasiens, Afrikas und Südamerikas, in denen Wespennester zahlreich sind und das ganze Jahr über ›geerntet‹ werden können, sind Wespen ein beliebtes Streetfood. In China sind soziale Wespen die am häufigsten als Nahrung gehandelten Insekten. Essbar sind sie trotz ihres Giftes, da nur die Larven und Puppen genutzt werden.

Das Wespengift ist ein komplexer Cocktail unterschiedlicher biochemischer Substanzen. Einige Substanzen haben eine hohe Giftwirkung, andere führen zu Schmerzen, wieder andere schädigen Zellmembranen und führen zum Zelltod. Diese spezifischen Wirkungen der verschiedenen Substanzen haben schon früh dazu geführt, dass Hautflüglergifte in vielen Bereichen der Medizin eingesetzt wurden. Neuere Untersuchungen haben auch gezeigt, dass Wespengifte möglicherweise in der Krebstherapie Verwendung finden können.

Schon lange ist außerdem bekannt, dass Hautflüglergifte, die Sekrete von Hautflüglerlarven und das Nestmaterial selbst antibiotische Wirkung haben. Die Nester, ihre Larven und auch das fleischliche Larvenfutter sind ständig in Gefahr, von Bakterien und Pilzen befallen zu werden. Bei sozialen Arten kommt hinzu, dass eingeschleppte Krankheitserreger sich durch die verminderte genetische Vielfalt innerhalb eines Nestes und den engen Kontakt zwischen den Nestbewohnern effektiv innerhalb eines Volks verbreiten können. Das soziale Zusammenleben hat so den evolutiven Druck erhöht, effektive antimikrobielle Schutzmechanismen zu entwickeln. Besonders in der Ethnomedizin werden Wespensubstanzen schon lange wegen ihrer antibiotischen Wirkung verwendet, aber das pharmakologische Interesse an derartigen natürlichen Wirkstoffen ist heute ebenfalls sehr groß.

Wespen sind hervorragende biologische Indikatoren für die Messung der Qualität eines Lebensraums oder Ökosystems. Zum einen stehen sie als Räuber und Parasiten hoch in der Nahrungspyramide, sodass zumindest theoretisch ihr Vorkommen ein Indikator für eine diverse Gemeinschaft von verfüg-

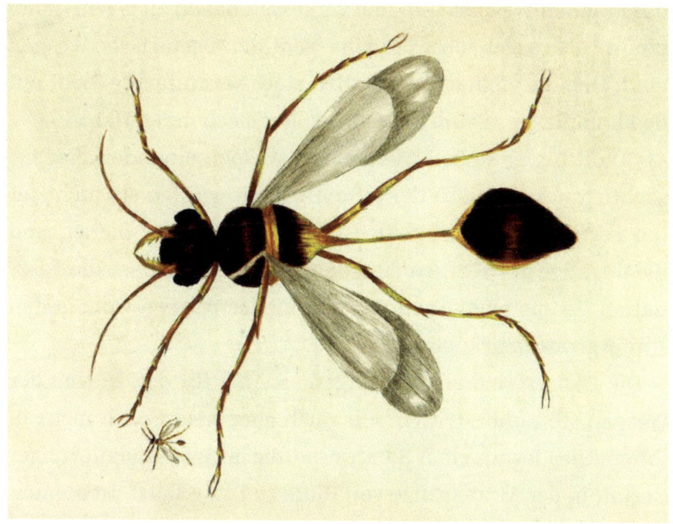

Die lehmnestbauenden Wespenarten der Gattung Sceliphron *jagen ausschließlich Spinnen als Nahrung für ihre Larven.*

baren Arthropoden ist. Darüber hinaus eignen sie sich auch deshalb für derartige Untersuchungen, weil sie im Gegensatz zu Wirbeltieren relativ leicht und daher preiswert erfasst und dokumentiert werden können.

Aber welche wichtige Rolle Wespen auch immer in der Natur und für den Menschen spielen, in wohl allen Kulturen und zu allen Zeiten haben Wespen und Menschen ein steiniges Verhältnis zueinander. Und das entwickelte sich insbesondere im Vergleich zu den Bienen. Seirian Sumner beschrieb in einem Interview die stammesgeschichtliche Beziehung von Wespen und Bienen so: »Wespen sind die Vorfahren von Bienen, sodass Bienen Wespen sind, die vergessen haben zu jagen.« Man könnte also sagen, dass Bienen eigentlich vegetarische Wespen sind. Dies ist vielleicht eine allzu stark vereinfachte Sicht auf den komplexen ›Baum des Lebens‹ der stechenden Hautflügler. Als Hautflügler stehen Bienen und Wespen einander aber tatsächlich nahe, und in der Öffentlichkeit werden sie nicht selten verwechselt. Die positive Wahrnehmung der Bienen und die negative der Wespen sind dabei so prägend, dass die Faszination für die biologische Bedeutung der Wespen ganz in den Hintergrund gedrängt wird.

Die Ökosystemdienstleistungen als Maß für den Nutzen der Wespen sind unbestritten. Für mich aber steckt noch mehr in ihnen. Die Eleganz einer Sandwespe, die in stromlinienförmiger Gestalt in der Mittagshitze von Blüte zu Blüte saust, ist atemberaubend. Ihre Ästhetik gepaart mit ihrem immer abwehrbereiten Stachel und dem in Aussicht stehenden Schmerz bricht mit dem simplen Sympathiebild der Schönheit. Es ist dieser Widerspruch, der mich auf die Fährte der Wespen gebracht hat.

Man ärgere sie nicht!

Unsere Vorstellung von Wespen ist geprägt von einem regelmäßigen Farbmuster aus gelben und schwarzen Querstreifen. So ist wie bei kaum einem anderen Insekt das Wespenbild einer stereotypischen Vorstellung aus diesen wenigen Elementen unterworfen. Eine abstrakte Insektengestalt, schwarz-gelbe Streifung, mehr braucht es nicht, um die Assoziation mit einer Wespe heraufzubeschwören. Warum ist das so? Welche Sprache spricht hier die Natur? Wie wird uns klargemacht, dass es sich um ein gefährliches Tier handelt, das uns »Finger weg!« signalisiert? Und warum erschrecken wir uns vor einer Schwebfliege ebenso, obwohl sie ein harmloser Blütenbesucher ist?

Kontrastreiche Farbkombinationen funktionieren universell als Warnsignale, und Gelb-Schwarz ist dabei besonders wirkungsvoll. Gelb-schwarze Absperrbänder werden überall auf der Welt als Warnzeichen vor Hochspannung verwendet, und tiefschwarze Piktogramme auf einem grellgelb kontrastierenden Hintergrund signalisieren giftige Substanzen. Die Reaktion auf Gelb-Schwarz beim Menschen und bei anderen Wirbeltieren ist möglicherweise angeboren, wird aber durch Erfahrungslernen verstärkt. Wer einmal von einem gelb-schwarz warnenden Insekt gestochen wurde, vergisst den akut beißenden Schmerz und das damit assoziierte Farbsignal nicht so schnell.

Signalgebung mithilfe von Farben ist ein spezieller Fall der zwischenartlichen Kommunikation bei Tieren. Kommunikation meint hier den beabsichtigten Austausch von Informationen zwischen mindestens zwei Partnern. Dazu werden drei Elemente benötigt: ein Sender, ein Signal, das der Sender abgibt, und ein Empfänger, der das Signal entgegennimmt und interpretiert. Im Fall einer sozialen Wespe ist das Insekt der Sender eines visuellen Signals, nämlich der gelb-schwarzen Streifung. Der Empfänger, typischerweise ein insektenfressendes Säugetier oder ein Vogel, nimmt das Signal auf und interpretiert es als Warnung. Vorsicht, ich bin wehrhaft! Komm mir nicht zu nahe, ich kann schmerzhaft stechen!

Ein solches Warnsystem lädt zu Missbrauch und Betrug ein. Wird in der Natur ein Signal von einem Organismus gefälscht, spricht man von Mimikry. Es gibt viele, vollkommen harmlose Insekten, die eine gelb-schwarze Färbung evolviert haben und wehrhafte Arten bis zur Perfektion nachahmen. Gut bekannte Beispiele sind die zahlreichen Schwebfliegenarten, die man nicht selten wie kleine Hubschrauber vor Blüten oder gelben Farbmarkierungen auf der Stelle schweben sieht. Viele von ihnen sind haarlos, gelb-schwarz und ähneln sozialen Wespen, manche besitzen ein dichtes Haarkleid, sodass sie in Form und Farbe Hummeln überraschend ähnlich sind. Diese Schutzmimikry ist dadurch gekennzeichnet, dass eine harmlose Art ein unehrliches, betrügerisches Signal aussendet, das die ehrliche Warnung einer gefährlichen Art imitiert. Mimikry ist eines der Paradebeispiele für die Wirksamkeit der natürlichen Selektion als einer der wichtigsten Bausteine der Evolutionstheorie: Je mehr ein wehrloser Organismus einem wehrhaften Organismus ähnelt, desto geringer ist sein Risiko, von einem Fressfeind um sein Leben gebracht zu werden. Zugleich aber

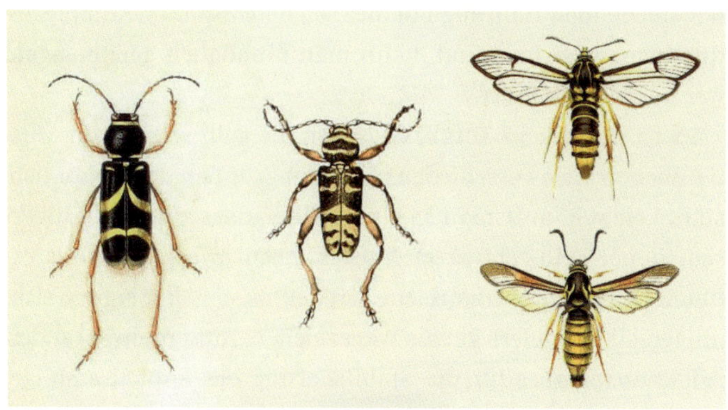

Viele Käfer-, Schmetterlings- und andere Insektenarten täuschen mit betrügerischen Wespenwarnfarben Gefährlichkeit vor.

steigt damit die Wahrscheinlichkeit, dass sich der Signalbetrüger fortpflanzen und seine Gene in die nächste Generation weitergeben kann. Dadurch verschiebt sich über viele Generationen die durchschnittliche Färbung der Nachahmerpopulation immer weiter zu einer immer größeren Ähnlichkeit mit dem wehrhaften Modell.

Insekten mit Warnfärbung sind enorm weit verbreitet, und zwar sowohl wehrhafte Stachel- und Giftbesitzer als auch harmlose Trickbetrüger. In beinahe jeder Insektenordnung gibt es Arten, die eine gelb-schwarze oder rot-schwarze Färbung besitzen, und beinahe alle sind ungefährlich und ahmen wehrhafte Wespen nach. Auch innerhalb der stechenden Hautflügler selbst sind Warnfärbungen weit verbreitet, und viele Bienen-, Grabwespen und andere Wespenarten, die nicht zu den sozialen Wespen gehören, sind Nutznießer der Warnwirkung des auffälligen Farbmusters. Da zumindest die Weibchen der stechenden Hautflügler eines solchen Mimikry-Komplexes durchweg wehrhaft sind, kann man unmöglich genau sagen, wer hier wen imitiert.

Es ist dabei kein Zufall, dass sich die gelb-schwarzen Muster über so viele verschiedene Insektengruppen derart ähnlich sind. Leicht könnte man sich vorstellen, dass eine Vielfalt verschiedener gelb-schwarzer Muster ihren Zweck ebenfalls erfüllen würden. Kontrastreiche Streifenmuster aber eignen sich universell besonders gut als Warnzeichen. Außerdem sorgt der Selektionsprozess für die Stabilisierung des einmal etablierten Streifenmusters als eine Art evolutives Wettrüsten. Hat ein Räuber erst einmal die Assoziation des plötzlichen, intensiven Schmerzes mit dem gelb-schwarzen Muster einer Wespe gelernt, wird dieses Farbmuster in den Folgegenerationen selektiv verstärkt. Der Selektionsprozess begünstigt also die Beibehaltung mehr oder weniger ähnlicher Muster, statt bei verschiedenen Insektengruppen verschiedene Muster und Farben hervorzurufen. Dadurch profitieren die gelb-schwarzen Arten so unterschiedlicher Gruppen wie Wanzen, Käfer, Schmetterlinge und Fliegen, aber auch viele Wespen- und Bienenarten von der generalisierten Warnwirkung dieses Farbmusters. Mögliche Angreifer davon zu überzeugen, dass man bewaffnet und gefährlich ist, hat sich quer durch das Tierreich als erfolgreiche Strategie erwiesen, um sich Feinde vom Leib zu halten.

Auch bei uns Menschen funktioniert dieses Prinzip, und so bestehen viele Warnzeichen des Alltags aus Kombinationen von Gelb und Schwarz, meist in Streifenform. Es ist anzunehmen, dass sich die Wirksamkeit gelb-schwarzer Farbmuster auf uns direkt aus der Angst vor dem Stich von Wespen ableitet. Wir lassen uns dementsprechend leicht durch gelb-schwarze Farbmuster anderer Insekten ins Bockshorn jagen. Wer wäre nicht schon einmal intuitiv zurückgeschreckt, wenn eine Schwebfliege sich unversehens ins Blickfeld drängt?

Wenn also das Warnsignal der stechenden und schmerzverursachenden Arten die Wahrheit ist, ist das Signal der harmlosen Arten eine Lüge. Der Trick ist daher, so gut zu lügen, dass der Feind das Signal für die Wahrheit hält. Da das Signal, egal ob betrügerisch oder ehrlich, so häufig verwendet wird, kommt es zu einer Übergeneralisierung dieses Farbschemas.

Diese Übergeneralisierung lässt sich auch in der Alltagskultur des Menschen beobachten. Ein besonders prägnantes Beispiel dafür ist die einheimische Honigbiene. Kinderzeichnungen und abstrakte Darstellungen können auf bis zu zwei gelb-schwarz gestreifte Kreise mit angedeuteten Körperanhängen reduziert werden – und lösen doch die Assoziation mit Honigbienen aus. Und das, obwohl die Honigbiene keineswegs gelb-schwarz ist. Der Hinterleib der überwiegend braun-grauen *Apis mellifera* ist zwar quer gestreift, aber der Farbkontrast der Streifen ist unauffällig und wenig prägnant. Das Farbschema der Honigbiene ist kaum als Warnsignal geeignet. Wahrscheinlich wurden hier durch Übergeneralisierung des Gelb-Schwarz-Musters stechende Insektenarten miteinander verwechselt und das Wespenschema auf die Honigbiene übertragen.

Nirgendwo wird das deutlicher als bei *Biene Maja*. Die bekannteste aller Honigbienen fliegt durch die Kinderzimmer, seit die japanisch-deutsche Zeichentrickserie ab 1976 das deutsche Fernsehen eroberte. Ich sehe sie vor mir, die knuffige, lebenshungrige Maja, wie sie mit ihrem etwas einfältigen Freund

Die wohl bekannteste Biene und ihr Freund Willi.

Willi im Bienenstock sitzt und versucht, ihn aus seiner Lethargie zu reißen. Einige entomologische Ungenauigkeiten darin sind verzeihlich, haben doch die Abenteuer auf der Klatschmohnwiese, die Maja mit ihren Freunden erlebt, einen biologisch sinnvollen Kern. Die Darstellung von Maja, ihrem Freund Willi und aller anderen Bienen folgt dabei strikt der kontrastreichen, gelb-schwarzen Wespenzeichnung. Wie eine echte Honigbiene sieht keine von ihnen aus. In Gestalt von Maja haben die japanischen Zeichner eine Chimäre aus einer Wespe und einer Biene geschaffen. Äußerlich ist die Biene Maja zweifellos eine Wespe Maja.

Nachdem die TV-Serie aus den 1970ern etwas in die Jahre gekommen war, beschloss das ZDF, anlässlich des 100. Jahrestags des Romans *Die Biene Maja und ihre Abenteuer* von Waldemar Bonsels, im Jahr 2013 eine neue Fernsehserie zu produzieren, dieses Mal computeranimiert. Neben der plastikartigen, beinahe texturfreien Oberfläche der Hauptfiguren hat sich auch sonst einiges im Verhältnis zur ursprünglichen Serie geändert. Insbesondere besitzt die neue 3-D-Maja keinen Stachel. Maja brauche keine Waffen mehr, so die Macher der neuen Serie, sondern soll die Probleme nun nur noch mit Köpfchen lösen.

Wenn ich mich recht an die Serie aus den 1970ern erinnere, war Maja auch damals schon die cleverste Instanz der Klatschmohnwiese, der es bei all ihrer jugendlichen Naivität meist gelang, einvernehmliche Lösungen für die zwischentierlichen Konflikte zu finden. Es mutet daher befremdlich an, dass ein Bienenstachel als ein für Kinder moralisch fragwürdiges Tragen einer Waffe verstanden wird. Durch die rüde Amputation ihres Stachels wird der bedauernswerten Biene ein wesentliches Element ihrer Identität genommen. Erst der Stachel lässt das Wesen der Honigbiene in all seiner Widersprüchlichkeit im Spannungsfeld zwischen Süße und Schmerz erkennen.

Die Übergeneralisierung des Wespenschemas als Quelle für Fehlbestimmungen und Missverständnisse reicht bis zu den ersten Schriftzeugnissen von Insekten zurück. Schon 4000 Jahre alte ägyptische Hieroglyphen zeigen stechende Hautflügler, aber es lässt sich nicht mit Gewissheit sagen, ob es sich um Wespen handelt. Die allgemeine Körperform mit Wespentaille, Flügeln und Beinen lässt einen Hautflügler erkennen, hilft aber nicht bei der eindeutigen Bestimmung. Häufig werden solche abstrahierten historischen Hautflügler von Archäologen als Honigbienen interpretiert. Diese Vermutung speist sich wohl einerseits aus der persönlichen Erfahrungswelt der meist europäischen Wissenschaftler, deren Bild der heimischen Insektenwelt stark von Honigbienen geprägt ist. Darüber hinaus aber ist die wirtschaftliche Nutzung von Honigbienen seit mehr als 3000 Jahren tief in der Geschichte eurasischer und nordafrikanischer Kulturen verwurzelt. Es ist daher anzunehmen, dass es ein großes Interesse gab, besonders Honigbienen als Teil der Alltagskultur darzustellen. Eindeutig können solche Darstellungen dann Honigbienen zugeordnet werden, wenn die typischen Instrumente und Werkzeuge der Bienennutzung mit dargestellt sind. Fehlen solche indirekten Hinweise, könnten es genauso gut Wespen sein. Besonders soziale Wespen, neben verschiedenen solitären Arten, kommen in Nordafrika häufig in der Nähe von oder an menschlichen Behausungen vor.

Der deutsche Archäologe Sebastian Walter hat die 11 500 Jahre alten Darstellungen von Insekten aus dem südostanatolischen Siedlungshügel Körtik Tepe untersucht. Dort wurden unter anderem wenige Zentimeter große Steinobjekte mit figürlichen Bildern in Form von Flachreliefs gefunden. Manche der stark abstrahierten Reliefs sind zweifelsfrei als Insekten erkennbar. Sie besitzen zudem eine Einengung hinter dem Körperabschnitt, der Beine und flügelähnliche Strukturen trägt und als Wespentaille interpretiert werden kann. Eine der Figuren besitzt am Körperende eine zugespitzte Struktur, die einer anderen, ansonsten sehr ähnlichen Figur fehlt. Walter nimmt daher an, dass es sich um einen einziehbaren Stachel handelt. Dass es sich bei diesen Darstellungen um stechende Hautflügler handelt, ist sehr wahrscheinlich. Da in dieser Zeit des Präkeramischen Neolithikums üblicherweise gefährliche und giftige Tiere abgebildet wurden, spricht nach Walter vieles dafür, dass wohl Wespen das Grundmotiv der Darstellungen sind. Die gekrümmte Körperhaltung der Wespen der Flachreliefs könnte zudem ein Hinweis darauf sein, dass es sich um Puppen oder im Schlupf aus der Puppe befindliche Wespen handelt. Sie wurden wahrscheinlich in einer metaphorisch-symbolischen Bedeutung abgebildet, die mit dem Giftstachel und der Metamorphose der Wespen zusammenhängt.

Ab Beginn des 17. Jahrhunderts entwickelte sich das naturalistische Stillleben zu einer eigenständigen Gattung in der Malerei als Ausdruck einer veränderten Auseinandersetzung mit der Natur und den Naturobjekten. Die allegorische Bedeutung mancher Insektendarstellung wurde durch den Anspruch ergänzt, durch eine möglichst natürliche Darstellung die Schönheit der Natur zu lobpreisen. In vielen Stillleben, in denen Blumen oder Obst im Mittelpunkt standen, traten zusätzlich Insekten auf. Dies wiederum verlangte neue technische Fähigkeiten, um die delikaten Strukturen der Insekten darstellen zu können.

Auch wenn uns die Wespen im Vergleich zu vielen der heimischen Insekten recht groß erscheinen, stellt es eine Herausforderung dar, sie künstlerisch naturgetreu abzubilden. Inwieweit Wespen in diesen Gemälden auch eine allegorische Bedeutung zukommt, ist unklar. Man kann davon ausgehen, dass die naturalistische Darstellung von Insekten einerseits dazu diente, die Fähigkeit des Künstlers zur Darstellung filigraner Strukturen unter Beweis zu stellen, andererseits aber die Lebendigkeit und vermeintliche Natürlichkeit des Arrangements unterstrich. Ein Beispiel ist Georg Flegels *Stillleben mit Brot und Zuckerwerk* aus dem frühen 17. Jahrhundert. Im Mittelpunkt des Gemäldes steht ein gläserner Pokal mit einem gelblichen Getränk, wahrscheinlich auf einem Tisch. Im Hintergrund befindet sich eine große Schüssel mit einem weißlichen Gebäck. Um den Pokal herum sind weitere süße Backwaren und ein kastenförmiges Brot angeordnet. Auf einem Stück Zuckerwerk in der Schüssel sitzt ein gelber Schmetterling, auf dem Brot eine unschwer als Europäische Hornisse erkennbare Wespe. Keines der beiden Insekten würde sich in Wirklichkeit in dieser Weise verhalten, aber das Stillleben aus den ansonsten unbelebten Objekten erhält durch sie eine gewisse Lebendigkeit und Natürlichkeit.

Jan van Kessel der Ältere ist bekannt für seine Insektenstudien und allegorischen Kompositionen. Allein auf seinem Tableau *Europa* aus dem allegorischen Werk *Die vier Erdteile* befinden sich Dutzende von Insekten und zahlreiche andere Tiere. Libellen, Käfer und Schmetterlinge sind unter den Insekten die häufigsten Vertreter, aber der Maler hat auch einige Wespen dargestellt. Das Gemälde besteht aus einem größeren zentralen Gemäldeteil und sechzehn kleineren Gemälden, die um das zentrale Element herum angeordnet sind. Insekten befinden sich ausschließlich im Mittelteil des Gemäldes, der eine museale Atmosphäre vermittelt. Zahlreiche Kunstwerke befinden sich in dem Raum, aber auch gerahmte Darstellungen von Insekten und anderen wirbellosen Tieren. Teilweise handelt es sich dabei wohl um Kästen mit präparierten Exemplaren, andere wiederum sind selbst Gemälde. Die größeren Insekten lassen sich identifizieren, bei kleineren ist das nicht möglich. Die Körperhaltung der meisten Insekten lässt vermuten, dass als Vorlage tote, willkürlich getrocknete Exemplare dienten.

Weder Hornisse noch Schmetterling sind häufige Besucher an der Kaffeetafel. Georg Flegel, Stillleben mit Brot und Zuckerwerk, *ca. 1633–1636.*

Diese Art der Darstellung einer überbordenden Fülle von Natur- und Kunstobjekten zeigt Ähnlichkeiten mit den zeitgenössischen Naturalienkabinetten. Indem neben allgemein bekannten und zum obligatorischen Bestand eines Naturalienkabinetts gehörenden Naturobjekten wie Krokodile, Schlangen und die Rostren von Schwertfischen auch weniger vertraute und damit wohl auch weniger interessante Objekte wie Wespen dargestellt wurden, erfüllt das Tableau zugleich einen Bildungsanspruch über die Vielfalt in der Natur. So steht im Zentrum des Mittelteils des Gemäldes eine männliche Figur in rotem Wams und blauem Mantel, die mit einem Weisegestus auf ein Bild oder einen Kasten mit verschiedenen Insekten deutet. Der Mann scheint das auf einem Stuhl stehende Insektenarrangement Europa zu zeigen, die als blonde, weibliche Personifikation daneben auf einem Stuhl sitzt. Die nicht näher bestimmbaren Wespen selbst ordnen sich dabei ein als ein Element unter der Vielfalt der zahlreichen Naturobjekte.

In einer seiner zahlreichen Insektenstudien arrangierte van Kessel der Ältere die Naturobjekte in einer dynamischen Komposition, die sich einerseits von der Anordnung in einem Naturalienkabinett unterscheidet, andererseits aber auch nicht beansprucht, ein Ausschnitt aus einer natürlichen Szenerie zu sein. Um zwei im unteren Drittel des Bildes angeordnete Blüten sind zahlreiche Insekten in lebendiger Anmutung dargestellt. Oben rechts befindet sich eine große Hummelkönigin, unten fast in der Mitte ein Widderbock, ein wespenimitierender Bockkäfer. Die Wespe oben links könnte für eine soziale Art gehalten werden. Die Form der Antennen und andere Merkmale zeigen aber, dass es sich um einen Bienenwolf *Philanthus triangu-*

Ein Bienenwolf, eine Erdhummel und mehrere kleine Hautflügler, wohl Ameisen oder Parasiten, in einer Insektenstudie von Jan van Kessel dem Älteren.

lum handelt, eine Grabwespe. In solchen Naturstudien drückte der Maler seine Auseinandersetzung mit der Natur aus und demonstrierte anhand der kleinen Objekte seine malerische Meisterschaft.

Die Künstler niederländischer und französischer Schulen schufen besonders im 17. Jahrhundert detailverliebte Stillleben mit Blüten und anderen Pflanzen, die häufig von Insekten begleitet wurden. An den Insekten selbst bestand dabei kein spezifisches Interesse, sie waren willkürliche Elemente, die den statischen Blumengemälden zu einer dynamischen Natürlichkeit verhelfen sollten. Es ist daher nicht verwunderlich, dass

Die Biene in Rachel Ruyschs Stilleben ist in Wirklichkeit eine Wespe. Rosenzweig mit Käfer und Biene, *1741.*

auch hier Bestimmungsfehler aufgetreten sind, bei denen Bienen und Wespen verwechselt wurden. Auf dem barocken Gemälde *Rosenzweig mit Käfer und Biene* der niederländischen Malerin Rachel Ruysch von 1741 liegt ein üppiger Rosenzweig auf einem schmalen Tisch, begleitet von zahlreichen kleineren Blüten und Blättern. Ein Bockkäfer reckt seine Fühler zu einer der Blüten empor, und auf einem der äußeren Blütenblätter der zentralen Rosenblüte sitzt die vermeintliche Biene, die jedoch unzweifelhaft eine Wespe ist. Auch diese Verwechslung geht mutmaßlich darauf zurück, dass man naturwissenschaftliche Hintergrundinformationen benötigt, um Wespen und Bienen zu unterscheiden. Die Maler dieser Epoche verfügten nicht ohne Weiteres über diese Information.

Anders Maria Sibylla Merian, in deren Werk sich Naturforschung und künstlerische Darstellung verbanden. In den Jahren 1699 bis 1701 lebte Merian zusammen mit ihrer Tochter in der niederländischen Kolonie Surinam. Dort erforschte sie den Lebenszyklus verschiedener Schmetterlingsarten und dokumentierte die Entwicklung in Form farbenprächtiger Kupferstiche. Ihr Hauptwerk, die *Metamorphosis insectorum Surinamensium* von 1705, wurde gleichermaßen wegen seiner naturkundlichen Genauigkeit wie der künstlerischen Qualität gerühmt. In ihren an Stillleben erinnernden Darstellungen kombiniert Merian wissenschaftlich genau verschiedene Schmetterlingsarten mit den Futterpflanzen ihrer Raupen. Sie ergänzt diese Bilder häufig mit anderen Insekten, die sie in Surinam beobachten konnte. Dazu gehören Wanzen, Käfer, Bienen und verschiedene Wespen, die sie um das zentrale Arrangement von Schmetterlingen und ihren Raupen und Fraßpflanzen herum anordnete. Die Wespen, von denen sie verschiedene Arten darstellte, sind hinreichend detailliert dargestellt, um zumindest die Familie und manchmal sogar ihre Gattungen bestimmen zu können. Die naturalistische Darstellung der Wespen fügt sich in die Gesamtkomposition der Stiche ein, ohne dass es zu Interaktionen zwischen den Wespen und den übrigen Arten kommt.

Merian war an den Wespen selbst nicht interessiert, sie dienten in ihren Tafeln der Verstärkung der naturalistischen Wirkung des zentralen Schmetterlings-Pflanzen-Arrangements.

Merian züchtete aber nicht nur Schmetterlinge, sie legte auch eine kleine Sammlung an, die sie mit nach Europa brachte. Auf Umwegen gelangten manche ihrer Sammlungsobjekte in das private Naturalienkabinett von Johann Isaak von Gerning, das sich heute im Landesmuseum Wiesbaden befindet. Dort stehen auch einige von Merians Wespen, einzeln in kleinen Glaskästchen aufbewahrt, begleitet von historischen, handgeschriebenen Etiketten. Die mehr als 300 Jahre alten Insekten sehen unerwartet gut aus, wenn auch ihre Körperhaltung statisch wirkt und wohl das Resultat des Präparationsprozesses ist. In Merians Aquarellen dagegen, die sie als Vorlagen für die späteren Kupferstiche anfertigte, besitzen die Insekten eine dynamischere Körperhaltung, und es wird deutlich, dass ihr lebende Insekten als Vorlage dienten.

Das Gelb-Schwarz der Wespen aber ist nur die Oberfläche ihres eigentlichen Wesens, das des Schmerzes. Hier liegt auch die Ursache dafür, warum die gelb-schwarze Warntracht besonders gut funktioniert, wenn die Wespe erst einmal zugestochen hat. Das Farbmuster, das an sich bereits auffällig ist und vor seinem Träger warnt, wird durch den Stich mit brennendem Schmerz verknüpft. So verkörpert die Wespe selbst schließlich losgelöst von ihrem gelb-schwarzen Warnkleid Schmerz und Gefahr, aber auch eine aggressiv-wendige Schnelligkeit und wird so Namenspatin für Fahrzeuge mit ähnlichen Attributen: Kriegsgeräte wie eine Panzerhaubitze aus dem Zweiten Weltkrieg und verschiedene Kriegsschiffe tragen den Namen ›Wespe‹, die Fieseler F3, ein experimentelles, nicht zur Flugtauglichkeit gebrachtes Flugzeug in Delta-Form der Firma Fieseler Flugzeugbau in Kassel, trug denselben Beinamen, und die

Die von Maria Sibylla Merian dargestellte, freifliegende Wespe an einem Blütenstand einer Heliconia *ist eine Töpferwespe (Eumeninae), deren Verhalten die Malerin ausführlich beschreibt.*

Firma Piaggio begründete 1946 die Legende des Motorrollers ›Vespa‹, italienisch für Wespe. Auch ein Motorradmodell der Firma Honda heißt seit 1998 ›Hornet‹, Hornisse.

Das Motiv des schmerzhaften Stichs findet sich in metaphorischer Übertragung auch in der Literatur. Der deutsche Schriftsteller Julius Stettenheim gab ab 1862 die *Hamburger Wespen* heraus, eine der führenden Satirezeitschriften im deutschen Kaiserreich. Ab 1868 hieß das Blatt *Berliner Wespen*, ab 1891 *Deutsche Wespen*. Stettenheim selbst nahm gleich in der ersten Ausgabe expliziten Bezug auf den selbst gewählten Namen seines Blattes:

> *Die Wespen lassen den ersten Flügelschlag ihrer freien Seele rauschen.* [...] *Die Wespen verwunden keinen, der sie nicht ärgert. Moral: Man ärgere sie nicht!*

Von 1929 bis 1933 trat in Berlin das satirische Kabarett ›Die Wespen‹ auf. Die Mitglieder dieser ›Brettl-Truppe‹ hatten den Insektennamen gewählt,

> *um anzudeuten, dass wir zu fliegen und zu stechen beabsichtigen. Sesshaftigkeit scheint uns der Feind aller Brettl-Wirkung. Drum wollen wir alle paar Wochen das Lokal wechseln. Und was das Stechen anbetrifft, haben wir die heiligsten Absichten, uns am Kurfürstendamm unbeliebt zu machen.*

Die Angriffslust und Aggressivität der sozialen Wespen, besonders bei der Verteidigung ihres Nestes, gab Anlass zu der volkstümlichen Redensart ›ins Wespennest stechen‹, mit der Bedeutung, eine gefährliche Sache anzugehen, wohl wissend, damit negative Reaktionen hervorzurufen.

Und für den auch als ›Wespendichter‹ bezeichneten deutschen Lyriker Thomas Kling ist die angriffslustige, stets unberechenbare und zugleich anmutige Wespe das zentrale Symbol seines poetischen Werks. Dem gern in einem gelb-schwarz gestreiften Pullover auftretenden Poeten wird nachgesagt, die Sprunghaftigkeit und die abrupten Richtungswechsel seiner Denkbewegung seien wespenhaft unberechenbar und verstörend. Kling nimmt dabei durch die Auseinandersetzung mit den Wespen einen nüchternen Blick auf Tod, Leben und Wiederbeginn ein. So sei es nur konsequent, so Antje Schmidt in einer Analyse von Klings Wespenlyrik, dass Kling nicht die traditionsbesetzte Götterbotin Honigbiene als zentrales Element seiner Poesie wählt, sondern ihre zornige, unpopulärere Schwester, die Wespe.

Ab dem 19. Jahrhundert entstehen die ersten umfangreichen Monografien, die sich ganz der Artenvielfalt der Wespen widmen.

Die Wahrheit des Schmerzes

An einem heißen Sommertag zockelt ein schon ziemlich in Mitleidenschaft genommener bläulicher VW-Bus langsam eine holprige Sandpiste in der Wüste des südlichen Arizonas entlang. So weit das Auge reicht, staubige Straßen, auf denen die Hitze flimmert, sandige Dünen, hartlaubige Büsche, hin und wieder eine der großen Yucca-Palmen. In einer Landschaft, in der die spärlich verteilte heimische Bevölkerung nur mit klimatisierten 4WD-Trucks unterwegs ist, ist der alte VW-Bus eine ungewöhnliche Erscheinung. Ich selbst befinde mich auch dort, an der Blue Sky Road, einer Sandpiste, die kaum die Bezeichnung Straße verdient und am Rand der Willcox Playa liegt, einem meist ausgetrockneten See mitten in der Wüste. Sie liegt südöstlich der kleinen Wüstenstadt Willcox, im Südosten von Arizona, nicht weit von der mexikanischen Grenze und von Tombstone entfernt, dem legendären Ort der berühmten Schießerei im O.K. Corral. Auch der Skeleton Canyon ist kaum mehr als eine Autostunde entfernt, wo der unter dem Namen Geronimo bekannte Kriegshäuptling der Bedonkohe-Apachen sich der US-Army ergab.

Es gibt wahrscheinlich kaum eine Region mit einer größeren Vielfalt an stechenden Hautflüglern als die Chihuahua-Wüste, die sich über den Südwesten der USA und den Nordwesten von Mexiko erstreckt. Im Hochsommer vibriert die Wüste von einem vielstimmigen Gesumme unzähliger Wespen und Bienen.

Die meisten sitzen nur kurz auf einem der kleinen blühenden Büsche, um nach einer schnellen Nektarmahlzeit hektisch den nächsten Strauch anzufliegen. Manche, wie die riesigen Wegwespen der Gattung *Pepsis*, verweilen länger und fliegen wie schwerfällige Hubschrauber von Blüte zu Blüte. Zwischen den Büschen laufen puschelige, ungeflügelte Spinnenameisen in unterschiedlichen Farben herum – schwarze, rote, gefleckte, weiße –, auf der Suche nach den Nestern solitärer Bienen und Wespen, in die sie ihre Eier legen. Sie sind ebenso wie *Pepsis* bekannt für ihren extrem schmerzhaften Stich.

Während ich auf einer der Sanddünen am Rand der Blue Sky Road stehe und in der flimmernden Hitze versuche, mit meinem Insektennetz die rasant fliegenden Sandwespen zu fangen, nähert sich schaukelnd der VW-Bus. Ich erhebe zum Gruß mein Insektennetz, der Fahrer winkt. Er steigt aus, ein wettergegerbter, schlanker Mann in verwaschenen Shorts und T-Shirt mit Wespen-Aufdruck. *Hey, what's up* – Insektensammler erkennen einander, Wespensammler erst recht. Justin Schmidt ist eine Legende unter den Hautflüglerforschern und einer der wenigen, die sich vergleichend mit Stacheln, Stichen und Stachelgiften beschäftigen. Er lebt und arbeitet in Tucson, Arizona, nur 90 Meilen westlich von Willcox. In den Langstreckendimensionen der USA ist die Willcox-Playa sozusagen Justins Vorgarten. Hier fährt er hin, um für seine Forschung die für ihren Stich gefürchteten Spinnenameisen (Mutillidae) und Ernteameisen (*Pogonomyrmex*) zu fangen. Justin ist in den Medien als ›Connaisseur des Schmerzes‹ und als ›Entomologe, der für die Wissenschaft litt‹ bekannt geworden. Während seiner Forschung ist er bisher von 83 verschiedenen Hautflüglerarten gestochen worden und hat penibel sein Schmerzempfinden dokumentiert. Aus diesen Informationen hat Justin den *Schmidt-Schmerz-Index* erstellt. Auf Stufe 1,0 stehen die Stiche kleiner Bienen und Wespen, die kaum die menschliche Haut durchdringen können und nur einen leichten Schmerz auslösen. Am anderen Ende der Skala befinden sich die Insekten mit dem stärksten bekannten Schmerz. Zu ihnen gehören die erwähnten vogelspinnenjagenden Wespen der Gattung *Pepsis*, die Spinnenameisen und nahe an der höchsten Stufe 4,0 auch die Ernteameisen. Kalibriert hat Justin seinen Schmerz-Index an der allseits bekannten Honigbiene, deren Schmerzindex 2,0 beträgt. Hier etwa liegen auch unsere heimischen sozialen Wespen.

Wer schon einmal von einer Wespe gestochen wurde, weiß, was für ein wirkungsvolles Instrument ihr Stachel ist. Niemand kann das leugnen, denn der Schmerz ist stark, er kommt sofort und brennend, nimmt seinen Ausgangspunkt an der Einstichstelle, breitet sich von dort rasend schnell aus und hält als brennende Schwellung häufig stundenlang an, die nachfolgende Rötung oft tagelang.

Meine professionelle Beschäftigung mit stechendem Getier wie den Wespen löst bei Gesprächspartnern immer wieder die Vermutung aus, ich sei im Hinblick auf Stiche besonders robust. Doch ein versehentlicher Stich beim Wespenfang, besonders wenn ich ihn durch ungeschicktes oder gedankenloses Handhaben des Insektennetzes und der Sammelröhrchen selbst verursache, kann auch bei mir miese Stimmung verursachen.

Es ist vielleicht angeraten, an dieser Stelle einige Anmerkungen zum Sammeln und zur Rolle des Sammelns für meine wissenschaftliche Arbeit zu machen. Es gibt viele wissenschaftliche Fragen, die man an Wespen richten kann, meine ist die nach der Vielfalt der Arten und ihren stammesgeschichtlichen Beziehungen. Bei der Suche nach Antworten auf diese Frage finde ich häufig noch unentdeckte Arten, die ich dann wissenschaftlich beschreibe und benenne. Besonders die Vergabe eines wissenschaftlichen Namens ist ein wunderbarer Akt der Kreativität im ziemlich streng formalisierten Prozess der wissenschaftlichen Beschreibung.

Die relevanten inneren und äußeren Merkmale des Wespenkörpers besitzen eine komplexe wissenschaftliche Terminologie und werden in einer Artbeschreibung ausführlich dargestellt. Den Artnamen aber kann jeder Wissenschaftler, der eine Art beschreibt, selbst auswählen. Häufig dienen Merkmale oder der geografische Ursprung der neu entdeckten Art als Ausgangspunkt für die Namensbildung. Aber auch nach geschätzten Kollegen, Verwandten oder den Lieblingsmusikern werden Arten benannt.

Nun ist die Vielfalt an Wespen ziemlich groß – mehrere Zehntausend Arten kennt man schon, je nachdem, wie weit man ›Wespe‹ fasst –, und sie alle unterscheiden sich anhand auffälliger oder weniger auffälliger Merkmale. Viele Wespen sind nur wenige Millimeter groß, und diese Winzlinge auf strukturelle Unterschiede in ihrem Außenskelett oder sogar in den männlichen Genitalien zu untersuchen, ist nur mithilfe von Mikroskopen und anhand von fixierten Tieren möglich. Für molekulargenetische Untersuchungen, die zunehmend wichtig werden in der Artidentifikation, sind sowieso in bestimmten Lösungen konservierte Tiere erforderlich. Schon deshalb ist das Sammeln in der Taxonomie unumgänglich.

Das Buch des Pfarrers und Pomologen Johann Ludwig Christ von 1791 mit Hunderten von kolorierten Holzschnitten ist eines der schönsten Frühwerke der Wespenforschung.

Es gibt aber noch andere Gründe, warum man als Taxonom besonders bei den artenreichen Wirbellosen nicht auskommt, ohne zu sammeln. Es ist eine Kernbedingung guter Wissenschaft, dass die wissenschaftlichen Ergebnisse reproduzierbar und überprüfbar sind. Im Fall der Taxonomie bedeutet das, Belegexemplare von jeder Artbeschreibung in einer für alle zugänglichen Sammlung, meist in einem Naturkundemuseum, zu hinterlegen. Naturkundemuseen fungieren daher auch als ›Archive der Natur‹, indem sie Referenzobjekte der wissenschaftlichen Erforschung der Erde vorhalten.

Nun liegt die Vermutung nahe, dass es ausreichen würde, jeweils einen Vertreter einer jeden Art aufzubewahren. Nähmen wir von jeder Art zumindest ein Weibchen und ein Männchen, würden die Naturkundemuseen einer Sammlungs-Arche-Noah entsprechen. Viele Besucher, die einmal einen Blick hinter die Kulissen in die Forschungssammlungen eines Naturkundemuseums werfen können, sind hingegen überrascht über die langen Reihen an konservierten Individuen, die die Wissenschaftler von vielen Arten zusammengetragen haben. Diese Serien an Individuen sind aus mehreren Gründen erforderlich. Zum einen sind die Unterschiede zwischen den Arten häufig so winzig oder sogar in ihren Genen verborgen, dass man die Arten erst nach aufwendigen Laboruntersuchungen unterscheiden kann. Im Augenblick des Sammelns im Regenwald oder der Wüste weiß man daher meist nicht, was man im Glas hat. Zum anderen ist jede biologische Art variabel. Das bedeutet, dass alle Nachkommen eines Elternpaares sich voneinander unterscheiden. Man muss oft ziemlich genau hinschauen, vielleicht mit einem Mikroskop, aber dann sieht man die Unterschiede.

Die hohe Kunst in der Taxonomie ist es daher, die Variabilität *innerhalb* einer Art von der Variabilität *zwischen* den Arten zu unterscheiden. Das geht nur, wenn man sich viele Individuen einer Art genau anschaut und mit den anderen Individuen derselben und anderer Arten vergleicht. Und das ist einer der wichtigsten Gründe, warum die Naturkundemuseen versuchen, viele Individuen einer jeden Art in ihren Sammlungen zu besitzen.

Neben verschiedenen Fallenmethoden ist das hauptsächlich verwendete Fanginstrument das Insektennetz, manchmal auch Insektenkescher oder irreführend Schmetterlingsnetz genannt. Meine Netze sind recht groß, vierzig Zentimeter im Durchmesser, und mit einem sicherlich sechzig Zentimeter langen Netz. Mit etwas Erfahrung kann man so mit einem schnellen Schlag aus dem Handgelenk eine noch so schnell fliegende Wespe erbeuten. Mit einem kurzen Schwung stülpe ich mir das Netz über den Kopf, sodass Kopf und Schultern die unzufriedenen Insekten am Entkommen hindern. Hält man nun den Netzbeutel an seiner Spitze mit einer Hand Richtung Sonne, eilen die gefangenen Insekten zügig dem Licht und damit der vermeintlichen Freiheit entgegen. Mit der anderen Hand, die sich im Netz befindet, öffne ich ein Fangglas und stülpe es über die am Ende des Beutels angekommenen Tiere.

Insektensammelnd komme ich in intime Nähe zu den Wespen, aber gestochen werde ich fast nie. Man lernt sie kennen, die Wespen, und besonders lernt man sie einzuschätzen. Schmerzhafte Kontakte zwischen mir und den Wespen gehen fast immer auf meine Kappe. Leichtsinnig und, was noch schlimmer ist, gedankenlos sollte man nie sein. Dafür sind die Wespen selbst zu aufmerksam darauf bedacht, den übermächtigen Gegner durch einen schmerzhaften Stich in die Flucht zu schlagen.

Wir Menschen, die wir große Säugetiere mit großer Körpermasse sind, sind vom Wespenstich insbesondere wegen des Schmerzes beeindruckt. Anaphylaktische Schocks, die manchmal sogar zu Todesfällen führen, sind eher selten und können aus Sicht der Wespen als Kollateralschaden gelten. Doch der Schmerz reicht aus, um die Wespenarbeiterinnen ihr Ziel erreichen zu lassen. Der im Vergleich riesenhafte Angreifer flüchtet und nimmt eine Erinnerung an das unerfreuliche Ereignis mit, das er so schnell nicht vergisst. Vergleicht man aber die Schmerzhaftigkeit der Stiche unterschiedlicher Hautflüglerarten, findet man überraschende Unterschiede. Und hier kommt Justin Schmidts Schmerz-Index ins Spiel. »Leicht, flüchtig, fast fruchtig. Als ob ein winziger Funke ein einziges Haar auf dem Arm ansengt«, so beschreibt Justin den Stich kleiner Bienenarten auf Stufe 1,0. Stiche der Deutschen und der Gemeinen Wespe auf Stufe 2,0 schildert er als »reichhaltig, herzhaft und heiß. Als ob W.C. Fields« – ein US-amerikanischer Schauspieler – »eine Zigarre auf deiner Zunge auslöscht.« Und *Pepsis* auf Stufe 4,0 liest sich so: »Heftig, blendend, schockierend elektrisch. Als ob jemand einen laufenden Haartrockner in dein Schaumbad fallen lässt.«

Den Stachel der stechenden Hautflügler darf man sich nicht als spitzes, dünnes Röhrchen, gleich einer Injektionskanüle, vorstellen. Er besteht stattdessen aus drei langen, eng miteinander verfalzten Elementen, von denen die beiden oberen, die Lanzetten, spitz sind und meist Widerhaken besitzen. Beim Stich ›sägen‹ sich die beiden Lanzetten in Sekundenbruchtei-

Das typische Streifenmuster einer Wespe warnt einen Angreifer, der erst gestochen wird, wenn er die Warnung ignoriert.

len in einer abwechselnden Stich- und Zugbewegung in ihr Opfer. Tief genug eingestochen, drückt die im Körperinneren verborgene muskuläre Giftblase den schmerzhaften Chemiecocktail heraus, der über das dritte Element, die sich an der Unterseite des Stachels befindende Stachelrinne, in die Wunde des Opfers eindringt. Nur bei der Honigbiene bleibt der Stachel im Fleisch stecken und wird zusammen mit der Giftblase herausgerissen, sodass die Biene ihr Leben aushaucht. Wespen dagegen behalten ihr Stichwerkzeug und können es immer wieder einsetzen.

Das Wespengift ist ein ziemlich komplexes Gemisch aus unterschiedlichen, biologisch wirksamen Substanzen. Die Hauptanteile sind proteinzerstörende Enzyme, die Gewebe und Blutzellen schädigen, Histamine, die den Blutfluss anregen und die Verbreitung des Schmerzes unterstützen, sowie Neurotransmitter, die zu einer Störung und Übererregung der Signalverarbeitung in den Nerven führen. Dazu gehören noch verschiedene Aminosäuren, Fettsäuren, Zucker, Salze und verschiedene andere Komponenten. Ein multifunktionaler Cocktail aus der Zauberküche der Evolution.

Innerhalb der sozialen Wespen ist die Zusammensetzung der Stachelgifte ziemlich homogen, zwischen den verschiedenen Gruppen stechender Hautflügler allerdings unterscheiden sich die Giftkompositionen teilweise erheblich. Das ist kein Zufall, sondern Ausdruck der Unterschiede in Funktion und Wirkung. Manche der Gifte richten sich gegen einen bestimmten Angreifertyp und sind im Einsatz gegen andere fast wirkungslos. Das Gift von Ernteameisen (*Pogonomyrmex*) beispielsweise richtet sich gezielt gegen Wirbeltiere. Für Mäuse ist es das potenteste Insektengift, das man überhaupt kennt. Dagegen ist es bei anderen Insekten weniger als ein Hundertstel so wirksam.

In erster Linie aber muss die Wirkung des Stichs als Effekt der chemischen Komposition des Gifts verstanden werden, die das Ergebnis eines evolutiven Anpassungsprozesses ist. Stachelgifte entfalten dabei grob gesagt zwei unterschiedliche Wirkungen, die man unabhängig voneinander betrachten muss: Schmerz und Toxizität. Mit dem Schmidt-Schmerz-Index gibt es ein zugegebenermaßen recht subjektives Maß, um die Schmerzhaftigkeit eines Stichs zu messen. Die Toxizität dagegen lässt sich objektiv bestimmen, indem man Mäusen oder Ratten Gift verabreicht und bestimmt, bei welcher Giftmenge die Hälfte der Versuchstiere stirbt. Diese sogenannte mittlere letale Dosis ist bei hoher Toxizität des Gifts niedrig und bei geringer Wirksamkeit hoch. Vergleicht man die mittlere tödliche Dosis der Gifte verschiedener Hautflüglerarten und setzt sie in Beziehung zur Schmerzhaftigkeit, stellt man fest, dass die besonders schmerzhaft stechenden solitären Arten eine sehr geringe Toxizität besitzen, während soziale Arten im Durschnitt ein deutlich giftigeres Gift injizieren.

Schmerz ist ein evolutiv wichtiges Warnsignal des Körpers, um Schäden oder womöglich den Tod zu vermeiden. Er veranlasst den Organismus, Maßnahmen zu ergreifen, die Ursache des Schmerzes zu beheben oder ihr durch Flucht oder Ausweichen zu entgehen. Da also Schmerz ein Warnsignal für körperliche Schäden darstellt, kann man den Giftcocktail mit hoher Toxizität, der das Gewebe lang anhaltend oder dauerhaft schädigt, als ›ehrliches‹ Signal verstehen. Die extrem schmerzhaften Stiche der riesenhaften *Pepsis* oder der flügellosen Spinnenameisen dagegen besitzen eine äußerst geringe Toxizität. Man kann sie daher als großen biologischen Bluff auffassen: viel Schmerz bei wenig Schaden, mehr Schein als Sein.

Das Prinzip, das hinter den extrem toxischen Stachelgiften von sozialen Wespen steht, wird in der Evolutionsforschung auch mit dem aus der Werbebranche stammenden Begriff *truth in advertising* bezeichnet, also als ›ehrliche Werbung‹. Schmerz warnt in erster Linie vor Schaden oder Tod. Ist der Schmerz eine ›Lüge‹, könnte ein cleverer Räuber das falsche Spiel durchschauen und lernen, den Schmerz zugunsten fetter

Beute zu ignorieren. Besonders für soziale Arten, die mit ihren larvenreichen Nestern eine begehrte Beute für viele Angreifer sind, ist es daher angeraten, den folgenlosen Schmerz durch länger anhaltende Wirkungen des Giftes zu verstärken. Wenn der reine Schmerz eine Lüge ist, ist die Giftigkeit die Wahrheit.

Der Sinn der Gemeinschaft

Im Jahr 2013 meldete der Pilot eines Passagierflugzeugs der Etihad Airways auf dem Weg nach Singapur kurz nach dem Start im australischen Brisbane, dass seine Maschine an Geschwindigkeit verliere. Er funkte eine *Mayday*-Nachricht an die Flugüberwachung und kündigte eine Notlandung an. Vierzig Minuten nach dem Start landete die Maschine wohlbehalten mit 175 Passagieren an Bord wieder an ihrem Ausgangspunkt. Eine spätere Untersuchung ergab, dass ein Pitot-Rohr der Maschine durch das Lehmnest einer Grabwespe der Gattung *Sceliphron* verstopft war. Solche einseitig offenen Rohre an Flugzeugen dienen der Messung der Luft- und damit der Reisegeschwindigkeit und sind ein zentrales Instrument der Flugsteuerung. Bereits 1996 war eine Passagiermaschine der türkischen Fluggesellschaft Birgenair in der Nähe der Dominikanischen Republik abgestürzt. Alle 189 Passagiere kamen dabei ums Leben. Auch hier war ein Lehmnest der kaum zwei Zentimeter großen Wespe in einem Pitot-Rohr die Ursache für die Katastrophe. In einer 2020 durchgeführten Untersuchung zur Bedeutung von lehmnestbauenden Wespen für den Flugverkehr in Australien zeigte sich dann, dass Wespen der Art *Pachodynerus nasidens*, einer solitären Faltenwespe, in großer Zahl auf dem Flughafen ihre Lehmnester in künstlichen Höhlungen bauen. Wespennester, so die Schlussfolgerung der Autoren der Studie, stellen daher eine nicht zu vernachlässigende Gefahr für den Flugverkehr dar.

Die Nester, seien es Lehmnester oder die den meisten Menschen vertrauten Papiernester, sind sicherlich das auffälligste Lebenszeugnis von Wespen. Besonders bei sozialen Wespen ist es die komplexe Architektur ihrer Nester, die vieles über das Verhalten und die Biologie ihrer Erbauer verrät. Diese enge Verbindung zwischen der Nestkonstruktion, der Lebensweise der Tiere und ihrer Evolution hat dazu geführt, dass einige Evolutionsbiologen in den von Tieren erbauten Strukturen keine im eigentlichen Sinn äußeren physischen Erscheinungen sehen, sondern diese Konstruktionen der Tiere als Teil des Tieres selbst ansehen wollen. Diese Ansicht geht auf die radikale Sicht des Evolutionsbiologen Richard Dawkins zurück, dass die Gene das eigentlich Relevante an einem Organismus sind und dass diese sich mithilfe von Organismen, die Dawkins als »schwerfällige Roboter« bezeichnet, fortpflanzen. Alle Lebensäußerungen eines Organismus müssen daher als Wirkung von Genen verstanden werden. Dawkins' wichtigstes Buch, das bis heute einen großen Einfluss auf die Evolutionsbiologie hat, trägt den programmatischen Titel *Das egoistische Gen*. Wenn die Gene in einem evolutionären Sinn egoistisch sind und jede Lebensäußerung eines Organismus darauf zurückgeht, sie erfolgreich in der nächsten Generation weiterleben zu lassen, gilt das folgerichtig auch für die von Organismen geschaffenen Artefakte und das für die Herstellung dieser Artefakte erforderliche Verhalten. Diese Erweiterung des Konzepts des ›egoistischen Gens‹ wurde von Dawkins als ›erweiterter Phänotyp‹ bezeichnet, eine Ausdehnung des äußeren Erscheinungsbildes über den Organismus hinweg in jede Form der Interaktion mit der Umwelt.

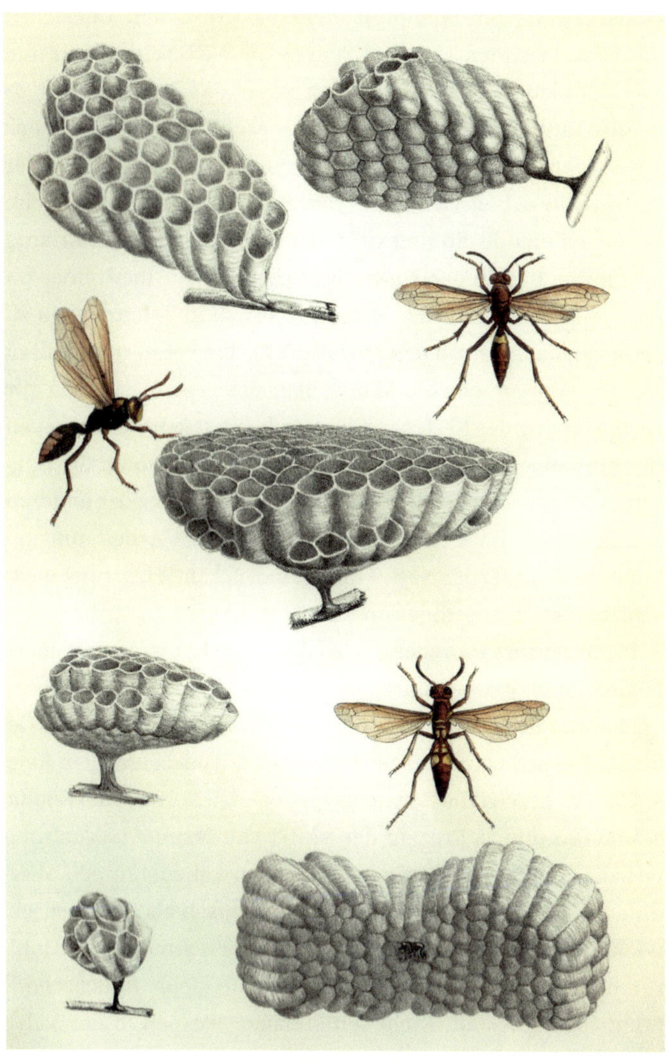

Die Waben der Feldwespennester besitzen keine äußere Schutzhülle wie die Nester anderer sozialer Wespen. Anders als hier dargestellt, zeigen die Öffnungen der Zellen aber nach unten.

Als erweiterter Phänotyp dient das Nest dem Überleben der Nestbewohner. Es bietet Schutz vor Wettereinflüssen und Fressfeinden. Bei sozialen Arten ist es das Zentrum des gemeinschaftlichen Lebens, und seine Architektur ist Ausdruck einer Vielzahl von Anpassungsstrategien. Als Resultat der kollektiven Arbeit vieler Einzelindividuen besitzt es eine ehrfurchtgebietende Komplexität. Zu seiner Konstruktion sind bestimmte Regeln der Zusammenarbeit der Nestbewohner nötig, die es erlauben, das Gesamtprojekt so in Teilaufgaben zu zerlegen, dass sie von den einzelnen Nestbewohnern bewältigt werden können, obwohl keiner über das gesamte Wissen zur Fertigstellung des Nestes verfügt. Zudem hat keine der Wespen Kenntnis über die Tätigkeiten der anderen Wespen. Sie müssen sich dabei noch nicht einmal über die Existenz der anderen Nestbewohner im Klaren sein. Jede macht ihre Arbeit, und am Ende steht das fertige Nest. Eine beeindruckende Leistung nicht zentralisierter Koordination.

Im Gegensatz zu anderen sozialen Insekten bauen die meisten sozialen Wespen ihre Nester üblicherweise oberirdisch, auch wenn in unseren Breitengraden die Deutsche und die Gemeine Wespe ihre Nester bevorzugt unterirdisch anlegen. Eine Studie hat gezeigt, dass etwa 91 Prozent der Nester von *Vespula germanica* und 78 Prozent der Nester von *Vespula vulgaris* unterirdisch errichtet werden. In urbanen Lebensräumen allerdings nisten beide Arten häufiger oberirdisch als unterirdisch. Wichtig ist in jedem Fall, dass den Wespen ein dunkler Hohlraum zur Verfügung steht, der durch eine kleine Einkriechöffnung zugänglich ist. Nicht selten bauen Wespen in der Nähe des Menschen ihre Nester an unerwarteten Orten, vor einigen

Jahren etwa hatten es sich Hornissen in unserem Gartenhaus in einem alten Lederkoffer zwischen Jonglierkeulen gemütlich gemacht.

Global betrachtet bauen die meisten sozialen Wespen allerdings freihängende Nester, so wie die bei uns vorkommende Sächsische Wespe *Dolichovespula saxonica* und die Norwegische Wespe *Dolichovespula norvegica*. Ihre Nester werden oft in Bäumen oder Sträuchern angelegt, manchmal aber auch unter Dachvorsprüngen. Wichtig ist den Wespen bei der Auswahl des Bauplatzes, dass ihr Nest vor Regen und Sonneneinstrahlung geschützt ist. Zudem muss es frei genug hängen, damit es sich durch bauliche Erweiterung räumlich ausdehnen kann und von den Arbeiterinnen im freien Flug erreichbar ist.

Die freie Bauweise hat einige konstruktive Konsequenzen, weil das Nest so dem Wetter ausgesetzt ist und sein eigenes Gewicht und das der Nestbewohner, ihrer Larven und Puppen sowie der eingelagerten Nahrung tragen muss. Das verwendete Material scheint da auf den ersten Blick nicht die beste Wahl zu sein. Üblicherweise verwenden Wespen eine Art Papier, genauer, Papiermaschee. Die Wespenarbeiterinnen schaben dafür mit ihren Mundwerkzeugen Holzfasern von Totholz und fertigen daraus mithilfe beigefügten Speichelsekrets einen zähflüssigen Pulp an. Manche Arten verwenden zusätzlich Pflanzenhaare, Teile von Rinde oder toten Blättern. Das aus solchen Pflanzenmaterialien konstruierte Nest besitzt eine erstaunliche Stabilität und trotzt bei beständigen Pflege- und Ausbesserungsarbeiten mehrere Monate den Einflüssen des Wetters.

Jede Art hat ihren eigenen Baustil. In vielen Fällen ist es daher möglich, die Erbauerin anhand der Farbe, der Textur und der Architektur des Papiernestes zu bestimmen. Feldwespen bauen zum Beispiel einfache Nestanlagen aus nur einer Wabe mit relativ wenigen Brutzellen, die nicht von einer äußeren Hülle umschlossen sind. Alle anderen sozialen Arten, die bei uns vorkommen, bauen komplexere Nester, die eine Nesthülle aus mehreren Papierschichten besitzen und aus mehreren horizontalen Waben bestehen. Dabei sammelt die Deutsche Wespe Holzfasern, die dem Nest eine graue Farbe verleihen, während die Nester der Gemeinen Wespe bräunlich oder gelblich sind.

Zu Beginn der saisonalen Aktivitätsperiode in unseren gemäßigten Breiten beginnt die Jungkönigin mit dem Bau eines neuen Nestes an einem ihr geeignet erscheinenden Ort, nachdem sie aus der Winterruhe erwacht ist. Bei den Vespinae, zu denen die Deutsche und die Gemeine Wespe, aber auch die Europäische Hornisse gehören, geschieht die Nestgründung immer nur durch ein einzelnes Weibchen, im Gegensatz zu den Polistinae, den Feldwespen, bei denen mehrere Gründerköniginnen zusammenarbeiten. Auch die Wahl des Nistplatzes ist artspezifisch. Zu Beginn muss die Königin alle erforderlichen Bauarbeiten allein durchführen, also Baumaterial und Wasser besorgen, Papiermaschee herstellen und dann an das Nest auftragen.

Die Königin legt zuerst eine kleine Hülle an, die die noch kleine Wabe umschließt. Danach beginnt sie mit dem Bau einer größeren Hülle und zugleich mit der Erweiterung der Wabe durch den seitlichen Anbau weiterer Zellen. In jede Zelle legt die Königin ein Ei, aus dem eine madenartige Larve schlüpft, die sie mit zerkautem Fleisch füttert. Nach einer Puppenruhe schlüpfen die ersten Arbeiterinnen, die sich dann an dem weiteren Ausbau des Nestes und dem Anlegen weiterer Zellen beteiligen. Die Vergrößerung der Wabe schreitet mit der Erhöhung der Zahl an Arbeiterinnen rasch voran. Ist eine bestimmte Größe erreicht, wird ein Stockwerk tiefer unter der ersten Schicht eine zweite angelegt. Der Abstand der Waben entspricht in etwa der Höhe einer Wespenkönigin, also etwas weniger als ein Zentimeter. Mit dem Wachsen der Waben in der Breite und in ihrer Anzahl muss die zu klein werdende innere Hülle stetig von unten und innen abgebaut und zugleich von außen und oben eine neue, größere Hülle gebaut werden. So ist gewährleistet, dass die Waben zu keinem Zeitpunkt ohne eine schützende Hülle auskommen müssen.

Ähnlich wie die Zellen einer Honigbienenwabe sind die Zellen in einem Wespennest im Querschnitt sechseckig und liegen Seite an Seite. Die perfekte hexagonale Symmetrie der Honigbienenzelle erreicht die Wespe allerdings nicht, was auf die unterschiedlichen Eigenschaften des verwendeten Materials zurückzuführen ist. In beiden Fällen aber ist das Sechseck die ideale Form, um bei einem minimalen Materialaufwand möglichst viele Zellen unterbringen zu können. Dass dabei auch physikalische Optimierungsphänomene eine Rolle spielen, kann man daran erkennen, dass bei den sich am Rand einer Wabe befindenden Zellen die Zellwände ohne Kontakt zu einer Nachbarzelle abgerundet sind. Die optimierte Konstruktion eines Wespennestes ist besonders beeindruckend, wenn man sich bewusst macht, dass all das in vollkommener Dunkelheit geschieht.

Die Nester der Deutschen und der Gemeinen Wespe können beachtliche Größen erreichen. In Deutschland beträgt

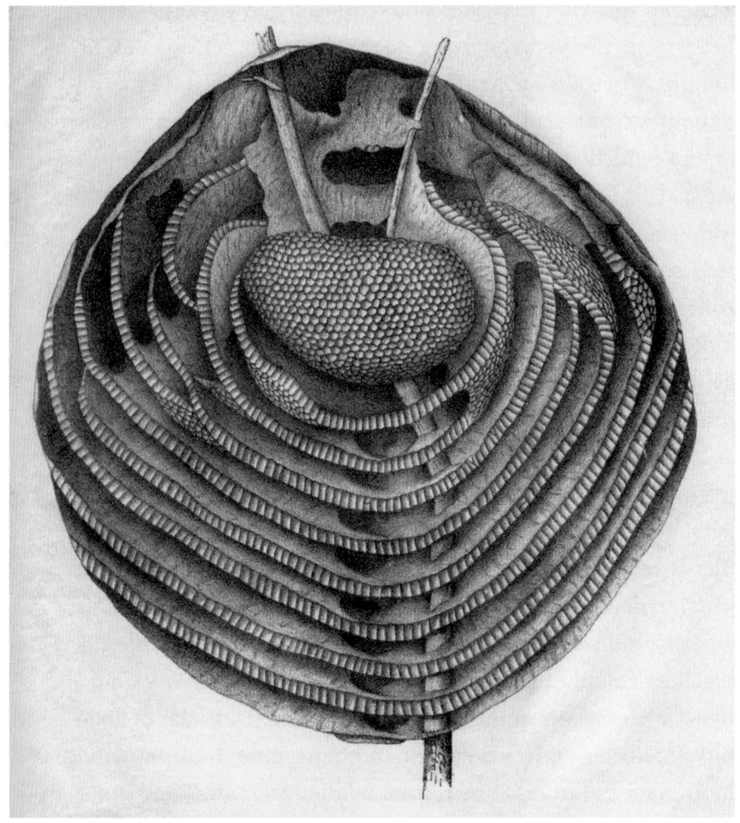

Die mittelamerikanische Honigwespe Brachygastra mellifica *ist eine der wenigen Wespen, die Honig produzieren. Ihr Staat kann aus Tausenden von Arbeiterinnen bestehen.*

der Nestdurchmesser nur selten mehr als 35 Zentimeter. Im Nest befinden sich im Durchschnitt acht Waben mit insgesamt mehr als 7000 Zellen. Es sind aber auch schon Nester gefunden worden, die mehr als viermal so viele Zellen enthielten. Im wärmeren Süden Europas und in anderen Ländern, in die *Vespula*-Arten eingeschleppt wurden, können die Nester sogar noch größer werden.

Während die Königin zu Beginn des Nestbaus noch alle Aufgaben allein bewältigt, findet eine Arbeitsteilung statt, sobald mehrere Arbeiterinnen verfügbar sind. Diese führen dann nur noch jeweils eine oder einige wenige Tätigkeiten aus, die präzise wie in einem Uhrwerk ineinandergreifen. Diese Aufteilung der Bausequenz in Teilprozesse und verschiedene Teams steigert die Effizienz des kollektiven Bauprozesses. Durch die Kommunikation zwischen den Individuen entsteht als emergentes Phänomen die kollektive Schwarmintelligenz, um dezentral und nicht hierarchisch Entscheidungen treffen zu können. Durch ihre lokalen und direkten Interaktionen mit anderen Arbeiterinnen und den verfügbaren Baumaterialien wird das Verhalten einer jeden Arbeiterin gesteuert, ohne dass es des Wissens um den gesamten Bauplan bedarf. Es scheint so zu sein, dass die einzelne Arbeiterin insbesondere durch die Zeit gesteuert wird, die verstreicht, bis es zur Interaktion mit einer kooperierenden Arbeiterin kommt. Wenn beispielsweise eine Wespenarbeiterin, die Papiermaschee für den Bau des Nestes herstellt und zum Nest transportiert, in der Lage ist, den baufertigen Pulp schnell an eine Bauarbeiterin weiterzugeben, wird das von der Wespe als Signal verstanden, weiteres Papiermaschee herzustellen. Vergeht allerdings viel Zeit, bis sie ihr Material weitergeben kann, scheint es keine limitierte Ressource zu sein und die Wespenarbeiterin wechselt dann zu einer anderen Tätigkeit.

In ihrer Komplexität und Funktionalität gehören die Nester sozialer Wespen zu den beeindruckendsten tierischen Bauwerken. Im Grunde setzen sie sich nur aus wenigen Konstruktionselementen zusammen, die in vielfacher Weise abgewandelt und kombiniert werden. Bei manchen tropischen Feldwespenarten besteht die Wabe als zentrales Bauelement aus nur einer oder zwei Reihen von insgesamt weniger als zehn Zellen. Demgegenüber stehen Nester zum Beispiel der südamerikanischen Gattung *Agelaia*, die aus mehreren Millionen Zellen bestehen, die sich auf mehr als 80 Waben verteilen. In solchen gigantischen Nestanlagen schlüpfen zum Maximum der Nestaktivität täglich 12 000 neue Arbeiterinnen oder sogar mehr. Das Volk eines Nests mit 1,4 Millionen Zellen bestand zum Untersuchungszeitraum aus etwa 157 000 Arbeiterinnen, fast 5000 Königinnen und 60 Männchen.

Im Gegensatz zu Honigbienen, deren Zellen horizontal ausgerichtet sind, sodass die Öffnung einer jeden Zelle zur Seite zeigt, bauen die Wespen ihre Zellen in vertikaler Ausrichtung, die Eier, Larven und Kokons hängen daher in nach unten offenen Zellen. Die planaren, senkrechten Waben von Honigbienen werden seit jeher für ihre geometrische Perfektion gepriesen. Bis heute gibt es kontroverse Diskussionen darüber, ob die Präzision der im Querschnitt hexagonalen Zellen auf einem Prozess der Selbstorganisation durch physikalische Eigenschaften von Wachs als Baumaterial beruht oder auf der präzisen Manipulation durch die Arbeiterinnen. Konstruktiv anspruchsvoller aber ist der exakte Bau von gekrümmten Waben, wie man ihn bei vielen Wespenarten findet, besonders solchen, die ihre Waben direkt auf einem festen Untergrund anfertigen. Grob gesagt ist jede Zelle eines Wespennestes ein langes Prisma, das im Querschnitt sechseckig ist. Selbst riesige Nester wie die der südamerikanischen sozialen Wespengattung *Agelaia* bestehen aus einer regelmäßigen, fehlerfreien Anordnung von Millionen von exakt sechseckigen Zellen. Oft beginnen die Arbeiterinnen eine Wabe von verschiedenen Punkten aus, die sie bei Kontakt so geschickt fusionieren, dass man der fertigen Wabe nicht ansieht, dass sie nicht in einem Stück konstruiert wurde.

Ein wesentliches Konstruktionselement ist die äußere Hülle. Viele Arten von Feldwespen und deren Verwandte besitzen keine Schutzhülle, sondern hängen frei an einem Stiel aus Papiermaschee an einer horizontalen Struktur. Mit ihm wird das Initialnest, das aus einigen wenigen Brutzellen und einer kleinen Hülle mit einer nach unten weisenden Öffnung an der Oberseite eines Hohlraums besteht, angeklebt. Der Stiel ist nur wenige Millimeter dick, reicht aber aus, um selbst ein großes Nest von mehr als 10 000 Zellen halten zu können. Die meisten Nester sozialer Wespen sind an einem solchen Stiel befestigt, egal ob sie eine Hülle besitzen oder nicht. Manche Nester mit Hüllen gibt es aber auch ohne Stiel. Bei ihnen sind die Waben direkt am Substrat befestigt und dehnen sich durch Anbau entlang des Substrates aus. Nester, die weder einen Stiel noch eine Hülle besitzen, sind nicht bekannt. Hier offenbart sich die Funktion beider Strukturen. Besonders in den Tropen, die die größte Artenvielfalt an sozialen Wespen beherbergen, sind Ameisen eine allgegenwärtige Gefahr für alle Lebewesen. In den Regenwäldern übersteigt die schiere Biomasse von Ameisen die Biomasse jeder anderen Tiergruppe. Jedes Ameisennest entsendet große Mengen an Arbeiterinnen in alle Richtungen,

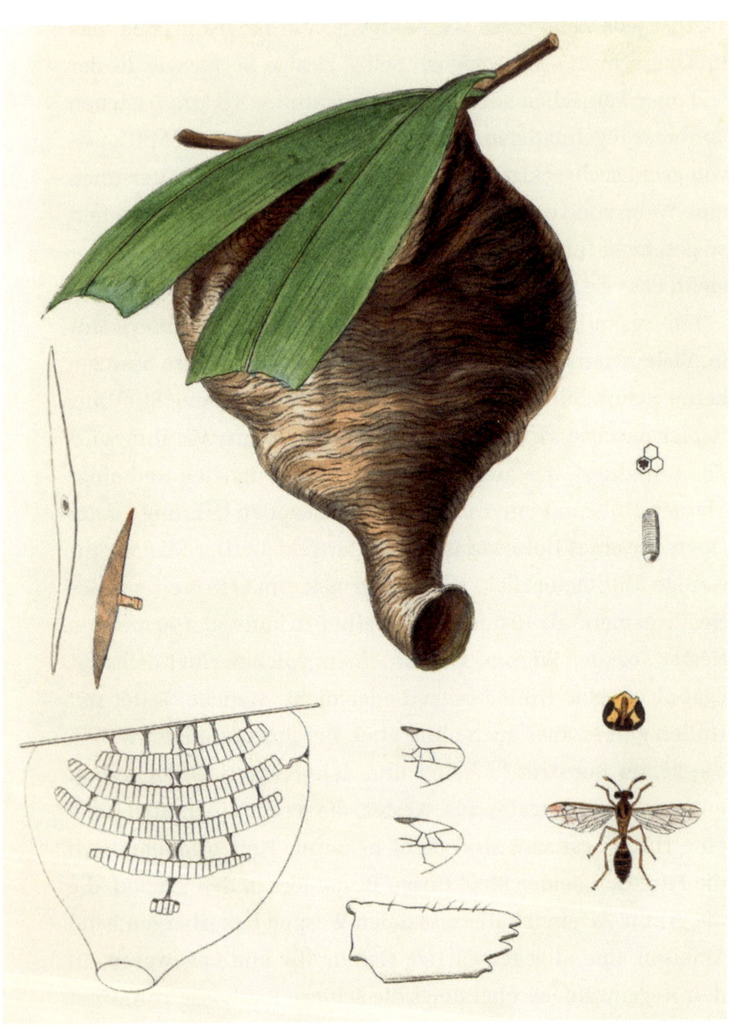

Die Papiernester tropischer Wespen wie das der südamerikanischen Angiopolybia pallens *können vielfältig geformt sein.*

um Beute heranzuschaffen, um den niemals endenden Hunger der Larven und der im Nest verbleibenden Arbeiterinnen zu stillen. Ein Wespennest, das mit eiweiß- und fettreichen Larven gefüllt ist, kommt ihnen gerade recht. Ein dünner Stiel senkt die Wahrscheinlichkeit, dass herumlaufende Ameisenarbeiterinnen das Wespennest finden, und von manchen Wespenarten weiß man, dass sie darüber hinaus den Stiel mit einem ameisenabwehrenden Sekret bestreichen.

Aber auch die Nesthülle ist eine evolutive Strategie, sich besonders gegen Ameisen oder gegen andere Feinde zu schützen. Sie ist rundum geschlossen und für das Papiermaschee-Material erstaunlich stabil. Die meist enge Einflugöffnung für die Wespen befindet sich an einem vom Substrat möglichst weit entfernten Punkt, bei hängenden Nestern also üblicherweise unten. Bei vielen Wespenarten sitzen einige Arbeiterinnen dauerhaft am Rand der Nestöffnung, um etwaige Eindringlinge sofort in die Flucht zu schlagen. Bei einigen tropischen Arten bedecken parallel zueinander ausgerichtete Arbeiterinnen, die zudem sehr hell oder kontrastreich gefärbt sind und bei Annäherung eines Feindes koordinierte Bewegungen vollführen, vollständig die Nesthülle. Ein spektakuläres Schauspiel.

Vor Kurzem ging eine Meldung durch die internationale Presse, Wissenschaftler hätten eine unerwartete Eigenschaft von Papiernestern asiatischer Wespen entdeckt. Mit UV-Licht angestrahlt fluoreszieren die Nester einiger *Polistes*-Arten in einem hellen Grün. Auf den im tropischen Regenwald Nordvietnams gemachten Fotos strahlen die Nester tatsächlich mit erstaunlicher Kraft. Bei der Untersuchung stellte sich heraus, dass es nicht das Nest selbst ist, das das grüne Licht emittiert, sondern die Kappen der geschlossenen Kokons. Diese Kappen bestehen aus kreuz und quer verlaufenden Seidenfasern. Sie werden von den Larven kurz vor der dritten Häutung angefertigt, um ihre Zelle vor dem Übergang zur Puppe zu verschließen. Die Funktion der fluoreszierenden Kokonkappen ist unklar, denkbar ist, dass die hell fluoreszierende Färbung der Wabenoberfläche dazu dienen könnte, wie ein Leuchtturm den im abendlichen Zwielicht anfliegenden Arbeiterinnen den Weg zum heimatlichen Nest zu leiten. Vielleicht dient die Fluoreszenz aber auch dem Wiedererkennen des eigenen Nestes, wenn weitere Nester in der unmittelbaren Umgebung vorhanden sind. Eine weitere interessante Idee ist, dass die fluoreszierenden Kokonkappen dazu dienen, zum Schutz der Larven vor schädlicher Strahlung energiereiche UV-Strahlung zu absorbieren und als harmloses Grün abzustrahlen. Andererseits wird die Entwicklung der Larve zeitlich stark vom Tag-Nacht-Rhythmus gesteuert, und die Wissenschaftler konnten zeigen, dass die Kokonkappen zwar potenziell schädliches UV-Licht absorbieren, dass sie aber energieärmeres Tageslicht durchlassen. Bis auf Weiteres müssen die leuchtenden Wespennester wohl ein Rätsel bleiben.

Das Nest sozialer Wespen als ihr ›erweiterter Phänotyp‹ ist mehr als alles andere Ausdruck der sozialen Lebensweise seiner Erbauerinnen. Es ist der Mittelpunkt des Staates, in dem die Königin als Einzige das hohe Recht hat, Eier zu legen und damit den Staat wachsen zu lassen. Alle anderen dauerhaften Bewohner, also die Arbeiterinnen, sind genetisch gesehen ebenfalls Weibchen, die sich weder paaren noch Eier legen, jedoch alle anderen im Nest anfallenden Tätigkeiten übernehmen.

Dass nur ein einziges Tier aus Tausenden Mitgliedern eines Staates zur Eiablage befähigt ist, ist evolutiv gesehen überraschend. Es bedeutet, dass von den vielen Nestbewohnern nur ein einziges Tier seine Gene an seine Nachkommen weitergeben kann. Nach der Darwin'schen Evolutionstheorie strebt ein jeder Organismus jedoch danach, seine Gene möglichst effizient in die nächste Generation weiterzugeben, und mit Richard Dawkins gesprochen sind Gene egoistisch. Für die Königin selbst ist das Eierlegen zweifellos ein sinnvolles und evolutiv zu erwartendes Verhalten. Lange Zeit aber erschien es den Naturforschern rätselhaft, warum all die Arbeiterinnen genau das nicht tun. Organismen rechtfertigen erst durch die Selbstvervielfältigung ihre eigene Existenz. Handeln die Arbeiterinnen etwa altruistisch?

Die evolutive Entstehung sozialen, mehr noch, altruistischen Verhaltens ist eines der meistdebattierten Probleme in der Biologie. Dass diese Frage über die Biologen hinaus auch Soziologen, Psychologen, Anthropologen und Philosophen interessiert, ist selbstverständlich und macht sie als wissenschaftliches Problem umso brisanter. Und genau diese Frage stellte sich auch schon Charles Darwin in seinem berühmtesten Buch *Über die Entstehung der Arten* von 1859, das ein Jahr später bereits auf Deutsch erschien. Wie können sterile, also fortpflanzungsunfähige Arbeiterinnen überhaupt entstehen, wenn sie keinen Nachwuchs produzieren?

Eines der Grundprinzipien der Darwin'schen Evolutionstheorie ist die ›natürliche Zuchtwahl‹ oder ›natürliche Selektion‹ (im Original: *natural selection*). In ihrem Kern sagt sie, dass nicht alle Nachkommen aus einer Generation von Organismen überleben und selbst Nachkommen erzeugen. Die Mechanismen der natürlichen Selektion bestimmen dabei die Wahrscheinlichkeit, mit der ein Organismus seine Gene in die nächste Generation trägt. Da die Arbeiterinnen der sozialen Hautflügler selbst sich nicht reproduzieren, können sie auch keine Gene weitergeben. Die bloße Existenz steriler Arbeiterinnen schien daher dem allgemeinen Prinzip der natürlichen Selektion zu widersprechen. Mehr noch, völlig unverständlich erschien, dass die nicht reproduktiv tätigen Individuen eines Staates auch noch in morphologisch und verhaltensbiologisch unterschiedliche Kasten differenziert sind, da sie doch scheinbar aus dem genetischen Grundmechanismus der Evolution herausfallen.

Darwin allerdings lieferte eine intelligente Lösung des Problems gleich mit, indem er das Prinzip der natürlichen Selektion über das Individuum hinaus auf die ganze Familie ausweitet.

> *Wir können daher schließen, daß unbedeutende Modificationen des Baus oder Instincts, welche mit der unfruchtbaren Beschaffenheit gewisser Mitglieder der Gemeinde im Zusammenhang stehn, sich für die Gemeinde nützlich erwiesen haben; in Folge dessen gediehen die fruchtbaren Männchen und Weibchen derselben besser und übertrugen auf ihre fruchtbaren Nachkommen eine Neigung unfruchtbare Glieder mit den nämlichen Modificationen hervorzubringen. Dieser Vorgang muß vielmals wiederholt worden sein, bis diese Verschiedenheit zwischen den fruchtbaren und unfruchtbaren Weibchen einer und derselben Species zu der wunderbaren Höhe gedieh, wie wir sie jetzt bei vielen gesellig lebenden Insecten wahrnehmen.*

Es ist also nicht das Einzelindividuum, auf das der Selektionsprozess einwirkt, sondern eine Gruppe von Organismen, die in einer wechselseitigen Beziehung zueinander stehen. Zeigt sich, dass sich die Eigenschaften und Verhaltensweisen der unfruchtbaren Mitglieder für die Gemeinschaft als nützlich erweisen, verbessert das die Chance der ganzen ›Gemeinde‹ im evolutionären Wettstreit. Der nützliche Beitrag solcher ›unfruchtbaren Mitglieder‹ kann zum Beispiel darin bestehen, die Königin zu füttern, die Eier und Larven zu pflegen sowie das Nest zu bauen und zu verteidigen. Durch diesen selbstlosen Beitrag der Arbeiterinnen erwirbt die ›Gemeinde‹ einen evolutionären Vorteil, was wiederum dazu führt, dass die genetische Fähigkeit, sterile Arbeiterinnen zu produzieren, von den Geschlechtstieren weitervererbt wird.

Diese wichtige Theorie der ›Gruppenselektion‹ aber erklärt noch nicht befriedigend, welchen Nutzen die sterilen Arbeiterinnen aus ihrem selbstaufopfernden Verhalten ziehen. Das genetische und damit evolutionäre Interesse der Königin an einem Volk aus diensteifrigen Neutren liegt auf der Hand, *warum* aber handeln die Arbeiterinnen altruistisch und nicht wie ihre vererbungsfähigen Verwandten egoistisch? Dieses Problem ist der Kern der Frage nach dem evolutionären Ursprung von Sozialität, genauer, von Eusozialität, der am höchsten integrierten Form des sozialen Miteinanders von Tieren einer Art. Sie ist dadurch gekennzeichnet, dass Individuen derselben Art und in der Regel derselben Familie miteinander bei der Aufzucht des Nachwuchses kooperieren, indem ein Geschlechtstier das Eierlegen übernimmt und von einem Heer von sterilen Arbeiterinnen umsorgt wird, und schließlich, dass zur selben Zeit mindestens zwei Generationen im Nest leben, sodass die Eltern zumindest zeitweilig von ihren eigenen Nachkommen versorgt werden.

Die Antwort auf die Frage nach der Entstehung von Eusozialität und damit nach der evolutionären ›Motivation‹ der Arbeiterinnen zur Selbstaufopferung lieferte erst in der zweiten Hälfte des 20. Jahrhunderts die Genetik. Die Grundannahme ist hierbei das harte Kosten-Nutzen-Prinzip des *survival of the fittest*. Die evolutionäre ›Fitness‹ eines Organismus ist das Maß, wie viele Gene in die nächste Generation weitergegeben werden. Von zwei Individuen hat dasjenige die höhere Fitness, das eine höhere Zahl von fortpflanzungsfähigen Nachkommen produziert. Letzten Endes aber geht es doch wieder nur um die Gene, und der Erfolg der eigenen Gene in der Zukunft nächster Generationen muss nicht notwendigerweise über die direkte Weitergabe erfolgen. Auch die genetische Verwandtschaft trägt in unterschiedlichen Anteilen die eigenen Gene. So teile ich mit jedem meiner beiden Eltern 50 Prozent der Gene, ebenso wie jeweils mit meinen Kindern. Mit deren Kindern wiederum, also meinen Enkeln, sollte ich in der Zukunft welche haben, teile ich 25 Prozent der Gene, und mit etwaigen Urenkeln noch 12,5 Prozent. Erhöhe ich durch meine Handlungen die Fortpflanzungschancen meiner Verwandten, trage ich indirekt dazu bei, dass ein Teil meiner Gene – im Verhältnis zum Verwandtschaftsgrad zwischen mir und dem Verwandten – mit höherer Wahrscheinlichkeit weiterexistieren kann. Diese sogenannte *inclusive fitness* ist also umso höher, je näher die Verwandtschaft ist.

Aus diesem Prinzip leitet sich die Vermutung ab, dass selbstloses, altruistisches Verhalten dann eine evolutiv sinnvolle Strategie ist, wenn die beteiligten Organismen nah miteinander verwandt sind. Je näher die Verwandtschaft, desto wahrscheinlicher kommt es in Sozialsystemen zu Altruismus. Der

Die Arbeiterinnen und Geschlechtstiere der sozialen Wespen können meist schon an der Größe unterschieden werden.

britische Genetiker John B. S. Haldane verdeutlichte dieses Prinzip an einem fiktiven, häufig zitierten Denkbeispiel. In einer Oxforder Kneipe habe er angeblich gefragt, wann es sich für jemanden lohne, in die Themse zu springen und einen Verwandten vor dem drohenden Ertrinken zu retten – aus evolutionärer Sicht natürlich. Die Entscheidung, ob man durch den Sprung in den Fluss sein eigenes Leben riskiere, hänge, so Haldane, davon ab, wie hoch der indirekte Beitrag des Verwandten am Auftreten der eigenen Gene in der Zukunft sei. Auf einem Bierdeckel habe Haldane vorgerechnet, dass es keinen Sinn ergebe, für zwei seiner Geschwister, die ja jeweils die Hälfte der elterlichen Gene besitzen und mit einem selbst teilen, das eigene Leben zu opfern. Drei Geschwister allerdings zu retten und dadurch die indirekte Weitergabe der eigenen Gene zu sichern, verschaffe einem einen evolutionsstatistischen Vorteil. Die Selbstaufopferung lohne sich mit der gleichen Logik auch für mehr als vier Enkel (Verwandtschaftsgrad 25 Prozent) und mehr als acht Cousins (12,5 Prozent). Um also die inklusive Gesamtfitness eines Organismus abzuschätzen, muss man neben seiner Individualfitness, also der relativen Zahl eigener Nachkommen, auch die Verwandten und deren Nachkommen berücksichtigen.

Die inklusive Fitness allein könnte schon eine Begründung für die Entstehung von Altruismus sein, wenn bei den Hautflüglern nicht noch ein weiterer wichtiger Faktor dazukäme: Die meisten vielzelligen Tierarten besitzen einen doppelten Chromosomensatz, der bei der Fortpflanzung statistisch auf die Nachkommen aufgeteilt wird. Bei den Hautflüglern aber haben nur die Weibchen einen doppelten Chromosomensatz, was man als diploid bezeichnet. Männchen dagegen sind haploid und besitzen nur einen einfachen Satz an Chromosomen. Paart sich ein Männchen mit einem Weibchen, also der Königin, bekommen die Nachkommen die Hälfte der Gene von der (diploiden) Mutter (Verwandtschaftsgrad 50 Prozent), aber die gesamten Gene vom (haploiden) Vater (Verwandtschaftsgrad 100 Prozent). Da also alle gemeinsamen Schwestern dieses Elternpaares die Hälfte der Gene von ihrer Mutter, aber den gesamten Chromosomensatz von ihrem Vater erhalten haben, beträgt ihr Verwandtschaftsgrad untereinander 75 Prozent.

Diese einfache Rechnung hat erhebliche Konsequenzen für die Verwandtschaftsbeziehungen innerhalb einer Wespenfamilie: Jedes Weibchen ist mit seinen Schwestern näher verwandt (75 Prozent) als mit seiner Mutter (50 Prozent) und, zumindest fiktiv, mit seinen eigenen Töchtern (50 Prozent). Der statistischen Gesamtfitness der Weibchen einer solchen Art mit haplodiploidem Fortpflanzungssystem wird also unter Umständen besser gedient, wenn diese sich der Aufzucht und dem Schutz der Schwestern widmen und auf die eigene Reproduktion verzichten.

Dieses Prinzip begünstigt darüber hinaus die Entstehung von Strukturen des sozialen Miteinanders, die die Weitergabe der eigenen Gene durch die Schwestern optimieren. Eusozialität als kooperative, arbeitsteilige Form des Zusammenlebens von Insekten ist das Ergebnis dieses Selektionsprozesses. Die Haplodiploidie ist auch der Grund, warum innerhalb der Hautflügler die Eusozialität evolutionär so häufig unabhängig voneinander in verschiedenen Gruppen entstanden ist, einmal bei Ameisen und mehrfach unabhängig bei Bienen und Wespen.

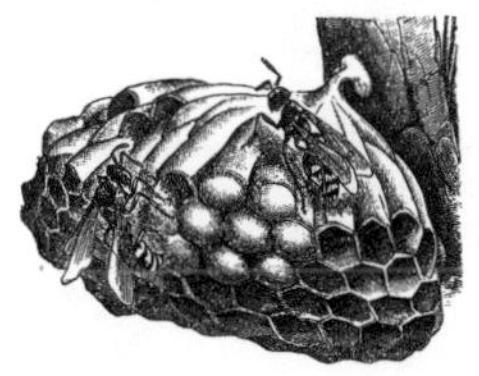

Die kugeligen Papiernester der harmlosen Mittleren Wespe Dolichovespula media, *die auch Kleine Hornisse genannt wird, hängen oft frei in Bäumen.*

Denken wie eine Wespe

Vor einigen Jahren postete ein unbekannter User in der Facebook-Gruppe ›Verkaufe/Suche Karlsruhe‹ eine ungewöhnliche Anzeige, in der er seine ›Hauswespe Jester‹ zum Kauf anbot. »Stubenrein und anhänglich« sei sie, und der Käufer müsse Zuckerwasser bereithalten, denn das sei die bevorzugte Nahrung des Haustiers. Der Anbieter wiederum wollte 70 Euro für die zahme Wespe. Ob Jester wirklich existierte und ob sich Kaufinteressenten gemeldet haben, ist mir nicht bekannt. Heute noch leben kann Jester nicht mehr, denn die Anzeige liegt schon einige Jahre zurück, und das Leben einer sozialen Wespe ist selbst bei bester Pflege auf einige wenige Monate beschränkt.

Eine zahme Wespe zum Verkauf anzubieten ist ungewöhnlich. Nicht so sehr, weil sie ein Handelsgegenstand ist. Kaufen kann man bekanntlich fast alles, und Haustiere aller Art von Hamstern bis Vogelspinnen werden ebenfalls gehandelt. Ungewöhnlich ist, dass die Wespe Jester zahm sein sollte. Kann ein Insekt, das als wehrhafte Kampfmaschine gesehen wird und dem schlechte Laune und Streitsucht unterstellt werden, im eigentlichen Sinn des Wortes gezähmt werden?

Unter Zähmung versteht man üblicherweise die Anpassung des Verhaltens eines Tieres an die Bedürfnisse des Menschen. Zutrauen muss es fassen und seine Scheu und Fluchtreflexe sowie seine Wildheit verlieren. Wehrhafte Tiere zu zähmen muss insbesondere dazu führen, dass das Tier den Menschen nicht angreift oder verletzt, im Falle einer Wespe also: nicht sticht.

Der Fuchs, dem der kleine Prinz in der gleichnamigen Erzählung Antoine de Saint-Exupérys begegnete, sieht im Zähmen die Grundvoraussetzung für eine persönliche Mensch-Tier-Beziehung. »Es bedeutet«, so der Fuchs, »›sich vertraut machen‹.« Und er fährt fort:

> *Ich brauche Dich nicht. Und Du brauchst mich nicht.* […] *Aber wenn Du mich zähmst, dann werden wir einander brauchen. Du wirst für mich einzigartig sein. Und ich werde für Dich einzigartig sein in der ganzen Welt.*

Im weiteren Verlauf des Gesprächs spitzt der Fuchs seine Überlegungen schließlich in einem schon oft zitierten Satz zu: »Man versteht nur die Dinge, die man zähmt.«

Gerne hätte ich den unbekannten User und stolzen Wespenbesitzer nach Jester und ihrem Schicksal befragt, aber meine Recherche verlief ergebnislos. Ich halte diese Anzeige für einen netten Scherz, aber sie beschäftigt mich seitdem. Sollte es möglich sein, eine Wespe tatsächlich zähmen zu können, sie sich so vertraut zu machen, wie sich der Fuchs vom kleinen Prinzen vertraut machen lassen möchte?

Löst man sich von dem Gedanken, die gezähmte Wespe müsse eine persönliche und individuelle Beziehung zu einem Menschen aufbauen, wird die Sache plausibler. Beinahe alle tierischen Organismen lassen sich konditionieren. Konditionierung ist eine Form des Lernens, bei der durch einen äußeren Reiz die Häufigkeit des Auftretens bestimmter Verhaltensweisen erhöht wird. Derartige Lernprozesse sind bei vielen Insekten nachgewiesen worden, und besonders Bienen sind bekannt für ihre Lernleistungen. So hat der spätere Nobelpreisträger Karl von Frisch (1886–1982) seit den 1920er-Jahren gezeigt, dass Honigbienen im Experiment nicht nur verschiedene Farben erlernen können, sondern dass sie mithilfe eines komplexen Schwänzeltanzes sogar über eine Sprache verfügen, um innerhalb eines Bienenstocks zu kommunizieren. Auch Wespen sind häufig Gegenstand von Lernexperimenten. Sie können dazu gebracht werden, durch eine Belohnung in Form von Zuckerwasser bestimmte Verhaltensweisen zu zeigen, zum Beispiel sich von einem Menschen füttern oder auf die Hand nehmen zu lassen.

Der Jester-Besitzer ist nicht die einzige Person, die behauptet, eine Wespe gezähmt zu haben. Der britische Gelehrte Sir John Lubbock etwa, ein Banker, englisches Parlamentsmitglied und autodidaktischer Anthropologe, Paläontologe, Botaniker und Entomologe, berichtete im 19. Jahrhundert ausführlich über eine zahme Wespe. Er war einer der Jugendfreunde von Charles Darwin und interessierte sich zeitlebens für dessen Evolutionstheorie. Lubbock gilt als ein bedeutender Naturforscher des viktorianischen Englands, und so kann man von ihm fachliche Autorität erwarten. Lubbock berichtet in seinem in mehreren Auflagen erschienenen Buch *Ants, Bees and Wasps* von 1882, dass er auf einer Reise in den spanischen Pyrenäen im Mai 1872 das Papiernest einer Gallischen Feldwespe (*Polistes gallicus*) mitgenommen hatte. Das von Lubbock gesammelte Nest bestand aus etwa zwanzig Zellen, an deren Grund er jeweils ein Ei erkennen konnte. Nach einigen Tagen aber war nur eine einzige Larve geschlüpft, aus deren Puppe schließlich noch während der Bahnreise die einzige Wespe des Nestes schlüpfte. Sie war, so Lubbock, allein auf der Welt. Also nahm er sich ihrer an.

Von Anfang an gelang es ihm, sie zu füttern, während sie auf seiner Hand saß, wenn sie auch anfänglich schüchtern und nervös war, wie Lubbock beschreibt. Sie hielt dabei ihren Stachel in ständiger Bereitschaft. Wenn der Zugschaffner kam, um die Tickets zu kontrollieren, beeilte sich Lubbock stets, die Wespe schnell in eine Flasche zu bugsieren. Ein- oder zweimal wurde er bei einer solchen Begebenheit »leicht gestochen«, immer aber aus Angst, wie er betonte.

Nach und nach gewöhnte sich die Feldwespe an Lubbock, und wenn er sie auf seine Hand nahm, schien sie zu erwarten, gefüttert zu werden. In den insgesamt neun Monaten, die Lubbock die Wespe als Haustier hielt, wurde er abgesehen von den anfänglichen ein oder zwei Stichen aus Angst und Verunsicherung niemals wieder gestochen.

Als der Sommer sich dem Ende zuneigte und die Temperaturen sanken, veränderte sich das Verhalten von Lubbocks Wespe. Sie schien schläfrig zu werden, und Lubbock hoffte, sie würde bei ihm überwintern. Er hielt sie an einem dunklen Ort und beobachtete sie regelmäßig, um ihr, wenn sie allzu unruhig wurde, immer wieder Futter anzubieten. Bis Februar des darauffolgenden Jahres verlor die Wespe nach und nach die Funktionstüchtigkeit verschiedener Körperabschnitte. Als ihr Ende kam, bewegte sie noch leicht den Hinterleib. Ein letztes Zeichen, wie Lubbock schrieb, der Dankbarkeit und Zuneigung. Soweit Lubbock es beurteilen konnte, verstarb sein Haustier ohne Schmerzen. Sie bekam, und damit schließt Lubbock seinen Bericht, daraufhin einen Platz im Natural History Museum

Die beiden Weißbüschelaffen scheinen unentschieden, ob die schmackhafte Insektenmahlzeit das Risiko eines Stichs wert ist.

London. Dort kann man sie inmitten Tausender anderer Feldwespen noch heute in der Wespensammlung sehen. Durch ihre Brust genadelt, ihre Beine und Flügel fachgerecht ausgerichtet und getrocknet.

Der Tod von Lubbocks zahmer Wespe war 1873 sogar der renommierten Fachzeitschrift *Nature* eine kurze Notiz wert. Mit Bedauern sei der Tod der, wie es da heißt, »interessanten Wespe« von Sir John Lubbock zu vermelden. Am 20. Februar sei sie eingeschlafen, erst der Kopf, dann der Thorax und schließlich das Abdomen.

Lubbock, der seinem Wespenhaustier trotz seiner offenkundigen Vertrautheit keinen Namen gegeben hat, scheint zu seiner Zeit nicht der Einzige in London gewesen zu sein, der eine Wespe als Haustier hielt. In Hyde Park befindet sich ein Haustierfriedhof, der ab 1881 für rund zwei Jahrzehnte die letzte Ruhestätte für die geliebten Haustiere der viktorianischen Gesellschaft wurde. Zwischen Grabsteinen, die in liebevoller Rührseligkeit den Tod eines geliebten Terriers oder Pudels betrauern, steht ein Grabstein mit der schlichten Inschrift *Wasp*, Wespe. Im Gegensatz zu den namentlich gekennzeichneten Gräbern eines Rovers und eines Tinys ist ihr kein persönlicher Name zugedacht worden.

In Lubbocks Naturbild seiner Zeit ist die Zähmbarkeit des wilden Organismus, insbesondere der zu sozialem Leben befähigten Wespen, Bienen und Ameisen, ein wichtiger Beleg dafür, dass die Natur zivilisiert werden kann. Er sieht hier Parallelen zu den nicht-europäischen, wie er selbst sagt, »Wilden«, die kulturell weit entfernt von der europäischen Hochkultur seien, aber die Fähigkeit und das Potenzial zur Entwicklung besäßen. Die Frage, ob die Völker, die insbesondere durch die Kolonialisierung der Welt in den Fokus der Kolonialmächte gerieten, in ihrer kulturellen Entwicklung den Europäern ebenbürtig oder zumindest befähigt sind, zu ihnen aufzuschließen, war Gegenstand hitziger Debatten. Lubbock aber ist überzeugt, dass die »Wilden«, die Wespen und die Bienen erzogen, zivilisiert und gezähmt werden können.

Einen eher anekdotischen und mutmaßlich fiktionalen Charakter hat ein Bericht des westfälischen Amateur-Naturkundlers und Käfersammlers Emil Rade (1832–1931) über eine zahme

Wespe. In Braunschweig habe er eine hochinteressante Dame aus London kennengelernt, die er aus Gründen der Diskretion »Mistress C.« nenne. Sie erinnere ihn »in Antlitz, Gestalt und Haltung ganz an die Kaiserin Maria Theresia von Oesterreich« und sei eine Dame, »welche durch ihre charakteristische Schönheit im Verein mit unübertrefflicher Liebenswürdigkeit jeden entzückte und anzog, der das Glück hatte, von ihr bemerkt zu werden«. Eine solche Anziehungskraft übte Mistress C. auch auf Insekten aus, sogar auf solche, die »namentlich in der Frauenwelt« allgemein gehasst und gefürchtet seien. Geriet eine der »sonst ungastlichen Wespen« in ihr wohlduftendes Gemach, gab es kein Erschrecken und kein Geschrei, sondern Mistress C. hielt der Wespe einen Finger ihrer zierlichen Hand entgegen, auf den sich das Insekt sogleich zu setzen pflegte. Es krabbelte »harmlos und vertrauensvoll« um den Finger herum und ließ sich ohne Weiteres auf der Hand mit Süßigkeiten füttern, »ohne von dem Giftstachel Gebrauch gemacht zu haben, der sonst bei ihnen so locker in der Scheide sitzt«. In London habe Mistress C. gleich zwei Wespen derart gezähmt, dass sie sie nicht nur mit ihrer Hand füttern, sondern auch anfassen und streicheln konnte. Täglich zwischen 6 und 7 Uhr seien sie erschienen, um sich Futter und Liebkosungen abzuholen, bis ihr Leben zum Herbst des Jahres ein Ende nahm. Auf Rades Bitte habe sich die schöne Londoner Dame bereit erklärt, ihre betörenden Zähmungsversuche auch auf andere Insekten auszudehnen, und, »wenn angängig, auch auf Spinnen«.

Die Frage nach der Zähmbarkeit lässt sich ausdehnen auf die allgemeinere Frage nach der Lernfähigkeit von Wespen. Das berührt eines der ältesten Probleme der wissenschaftlichen

Verhaltensbiologie, nämlich die Frage nach dem Unterschied zwischen Instinkthandlungen und erlerntem Verhalten. Gemeinhin wird angenommen, dass Insekten mit ihrem verhältnismäßig einfach organisierten Zentralnervensystem zu einem überwiegenden Teil instinktgesteuert sind. Instinkte sind angeborene Verhaltensmuster, die durch äußere oder innere, in jedem Fall aber angeborene Schlüsselreize ausgelöst werden können. So lösen Faktoren wie Tageslichtlänge und Temperatur den Beginn der Nestgründung der überwinterten Jungkönigin aus. Von der Königin wiederum abgegebene Pheromone sind die Grundlage zur Aufrechterhaltung der Integrität und der Steuerung des Staates. Sie veranlassen die Arbeiterinnen, zu bestimmten Zeiten bestimmte Tätigkeiten auszuführen. Erschütterungen des Nestes oder ein erhöhter Kohlendioxidgehalt durch die Atemluft eines angreifenden Wirbeltiers können ein mehrstufiges Verteidigungsverhalten auslösen, das schließlich in einem Angriff mit ihrem Stachel gipfeln kann. Vermeiden Sie es deshalb tunlichst, eine lästige Wespe wegzupusten. Auch der Nestbau selbst, wie zum Beispiel die Ausformung der sechseckigen Zellen, ist das Resultat angeborener Verhaltensmuster.

Die soziale Organisation des Wespenstaates allerdings bedarf komplexer Steuerungsmechanismen, die neben reinen Instinkthandlungen auch ein hohes Maß an Handlungsplastizität erfordern. In neuerer Zeit haben wissenschaftliche Untersuchungen gezeigt, dass soziale Wespen sehr flexibel sein müssen, um kurzfristig auf Veränderungen ihrer Umwelt reagieren zu können. Möglicherweise liegt in dieser Flexibilität eine der Ursachen, warum soziale Wespen-, Bienen- und Ameisenarten derart erfolgreiche Invasoren sind, die sich effektiv in neue Lebensräume verbreiten.

Lange Zeit allerdings galten Wespen als Paradebeispiel mangelnder Plastizität und starrer Instinkthandlungen. Der französische Naturforscher und Insektenbeobachter Jean-Henri Fabre (1823–1915) war einer der Ersten, der die »grandiose Begabung dieses Meisterchirurgen«, der solitären Grabwespe, im Detail schilderte und versuchte, durch manipulative Experimente herauszuarbeiten, wie starr die Verhaltensabläufe der Wespe sind. Fabres Experimente demonstrieren, dass die Wespe einem komplexen und vielstufigen Schema folgt, das aus den immer gleichen Teilen besteht: Nestbau, Beutejagd, Stich in das Zentralnervensystem, Transport der Beute zum Nest, Eintragen ins Nest mit vorheriger Inspektion des Nestes, Verschluss des Nestes. Das Verhalten des Wespenweibchens ist derart komplex und erweckt den Eindruck einer kenntnisreichen Zielgerichtetheit, dass Fabre und viele andere Naturforscher ihr Intelligenz unterstellen. Fabre griff in die Verhaltenssequenz ein und tauschte die Heuschreckenbeute aus, verlagerte sie an einen anderen Ort, verschloss oder öffnete das Erdnest und manipulierte vielfach. Die Wespe zeigte sich unbeeindruckt und vollzog die immer gleichen Bewegungsabläufe.

Die Starrheit der Handlungsabläufe der Wespe, wie sie Fabre ab 1879 im Detail beschrieb, dienten als Modell für ein Konzept in den Kognitionswissenschaften und der Psychologie, das als *Sphexität* oder *sphexishness* bezeichnet wird. *Sphex*, eine altgriechische Bezeichnung für Wespe, ist eine der Grabwespengattungen, an denen Fabre bevorzugt seine Beobachtungen machte. Der Begriff der *Sphexität* wurde von dem Informati-

Jean-Henri Fabre gilt vielen als »Homer der Insekten«. Den sozialen Wespen wie der Hornisse, dem »Oberhaupt der Wespengilde«, zollte er nur wenig Aufmerksamkeit.

ker und Kognitionswissenschaftler Douglas R. Hofstadter im 20. Jahrhundert in die Literatur eingeführt, und die dahinter liegende Geschichte des starren, nur scheinbar intelligenten Verhaltens der Grabwespe ist ein Klassiker in den Kognitionswissenschaften. Hofstadter wiederum verweist auf einen Text des US-Raumfahrtingenieurs Dean E. Wooldridge, der in dem Wespenverhalten eine Analogie zu bestimmten Aspekten des menschlichen Verhaltens sieht:

> *Wenn die Zeit des Eierlegens kommt, errichtet die Wespe Sphex zu diesem Zweck einen Bau und sucht sich eine Grille, die sie so sticht, dass diese gelähmt, aber nicht tot ist. Sie schleppt die Grille in den Bau, legt ihre Eier daneben, verschließt den Bau, und fliegt dann davon, um nie mehr zurückzukehren.* […] *Für den menschlichen Verstand sieht so ein umsichtig organisiertes und anscheinend zweckgerichtetes Vorgehen überzeugend nach Logik und Voraussicht aus – bis man zusätzliche Einzelheiten prüft. Zum Beispiel geht die Wespe so vor, dass sie die gelähmte Grille zum Bau bringt, an der Schwelle liegenlässt, hineingeht, um nachzusehen, ob alles in Ordnung ist, wieder herauskommt und dann die Grille hineinzerrt. Wenn diese um ein paar Zentimeter verschoben wird, während die Wespe ihre Inspektion durchführt, bringt sie sie beim Verlassen des Baus zurück zur Schwelle, aber nicht in den Bau hinein, und wiederholt dann die Vorbereitungsarbeiten, nämlich den Bau zu betreten und nachzusehen, ob alles in Ordnung ist.* […] *Die Wespe denkt nie daran, die Grille direkt hineinzuzerren. In einem Fall wiederholte sich dieses Vorgehen vierzigmal mit immer dem gleichen Ergebnis.*

Das auf den ersten Blick so vernünftige und von tieferem Wissen geleitete Verhalten von *Sphex* erweist sich bei kleinen Manipulationen also als ein blinder Automatismus. Hofstadter überträgt das deterministische Verhalten der Wespe auf den Menschen: Wir alle stecken gelegentlich in endlosen Schleifen, in denen wir wider besseres Wissen immer wieder dieselbe Handlung vollziehen, zum Beispiel, wenn wir aus Langeweile Schokolade essen, oder auch mentale Vorgänge, wenn sich bei einem Musikstück ein Ohrwurm einnistet oder wenn bestimmte Gefühle durch Erinnerungen ausgelöst werden. Auch die Neigung, immer wieder lästige Pflichten durch Ersatzhandlungen zu verdrängen, gehört hierher. Häufig handelt es sich dabei um bösartige Schleifen oder zumindest solche, die wir als unangemessen wahrnehmen. In der Regel sind wir uns ihrer nicht bewusst, und selbst wenn wir sie uns bewusst machen, fällt es uns schwer auszubrechen. Im Extremfall erscheint es unmöglich, aus diesen Schleifen auszusteigen, wenn es sich zum Beispiel um pathologische Süchte, Phobien oder andere Zwangshandlungen handelt. *Sphexish* zu sein bedeutet also, bestimmte, meist unangemessene Dinge immer wieder zu tun und immer wieder Handlungen durchzuführen, selbst wenn wir sie als Fehler erkennen. Demgegenüber steht nach Hofstadter die *antisphexishness* als ein Verhalten, das durch ein hohes Maß an Willensfreiheit gekennzeichnet und deshalb erstrebenswert ist. Nach Hofstadter ist das höchste Maß an *antisphexishness* gleichzusetzen mit Bewusstsein.

Inzwischen hat sich herausgestellt, dass das Verhalten von *Sphex* keineswegs derart automatisiert abläuft, wie Fabre es beobachtet hatte. Spätere Verhaltensforscher haben seine einfachen Feldexperimente wiederholt und konnten feststellen, dass zum Beispiel beim Verlegen der Beute vor dem Nesteingang in einigen Fällen das Wespenweibchen sehr wohl die Beute direkt ins Nest zieht. Manchmal schaffte es die Wespe auch erst nach einigen Handlungsschleifen, ihr Verhalten an die veränderte Situation anzupassen.

Die zum Teil ausnehmend komplexen Handlungen insbesondere der Interaktionen zwischen den Mitgliedern eines Insektenstaates erwecken den Eindruck, dass das Verhalten mehr ist als genetisch programmierter Instinkt. Dass soziale Bienen außerordentlich gut lernen können, zeigt schon ihr übliches Verhalten. Sie verbringen viele Stunden des Tages damit, Blüten zu besuchen und Nektar und Pollen zu sammeln, und teilen die Informationen über besonders ertragreiche Nahrungsquellen den anderen Bienenarbeiterinnen mithilfe eines komplexen Kommunikationsmittels mit, dem Schwänzeltanz.

So besitzen Honigbienen sogar ein grundlegendes mathematisches Verständnis, wie man es in vergleichbarer Weise auch von Schimpansen kennt. In einem Experiment konnte nachgewiesen werden, dass Bienen ein Mengenverständnis von bis zu vier Objekten besitzen. Wissenschaftler ließen Honigbienen durch Plexiglasröhren fliegen, an deren Eingang eine gewisse Zahl kleiner Objekte gemalt waren, zum Beispiel drei schwarze Punkte. Am Ausgang der Röhre mussten sich die Bienen zwischen verschiedenen Anzahlen gemalter Objekte entscheiden, beispielsweise zwischen drei Zitronen und vier grünen Blättern. Sie bekamen die belohnende Nahrung dort, wo die am Eingang gezeigte Objektzahl mit der am Ausgang übereinstimmte. In mehr als 70 Prozent der Fälle entscheiden sich die Bienen richtig. In Vergleichsexperimenten konnten die Forscher zeigen, dass es tatsächlich die Anzahl der Objekte ist, die die Bienen lernten, und dass Form und Farbe selbst keine Rolle spielen. Dieses Mengenverständnis funktionierte allerdings nur bis zur Zahl fünf. Alle größeren Zahlen entsprechen wahrscheinlich so etwas wie ›viele‹.

Das Zahlenverständnis der Honigbienen geht so weit, dass sie das Konzept der Zahl Null zu verstehen scheinen. In einem Experiment wurden den Bienen Papierblätter angeboten, auf denen Objekte in unterschiedlicher Zahl dargestellt waren. Mithilfe von Belohnungen lernten die Bienen, das Papier mit der geringeren Zahl von Objekten zu bevorzugen. Sie konnten danach verlässlich erkennen, dass zwei Formen weniger sind als vier Formen und eine Form weniger ist als drei. Als wenn das nicht bereits eine beachtliche kognitive Leistung wäre, boten die Wissenschaftler nun noch ein leeres Blatt an, das die Null repräsentieren sollte. Und tatsächlich präferierten 60 bis 70 Prozent der Bienen, die gelernt hatten, die geringere Zahl an Objekten zu wählen, die leere Seite. Zudem waren sie signifikant besser darin, höhere Anzahlen von Objekten, zum Beispiel sechs, als eine geringere Zahl wie Eins von Null zu unterscheiden. Auch hier unternahmen die Wissenschaftler zahlreiche Kontrollexperimente, um sicherzustellen, dass die Bienen nicht versehentlich etwas ganz anderes gelernt hatten, aber die Ergebnisse der Studie zeigen unzweideutig, dass Honigbienen das Konzept der Null verstehen können.

Honigbienen sind damit die bislang einzigen Wirbellosen, bei denen man nachweisen kann, dass sie einer zahlenbasierten visuellen Generalisierung fähig sind. Das sind überraschende Leistungen für ein so kleines Insektenhirn, und es ist bislang nicht untersucht worden, ob Wespen zu diesen kognitiven

Leistungen ebenfalls in der Lage sind. Andere Studien zeigen allerdings, dass auch Wespen unerwartete Fähigkeiten besitzen. Logisches Schließen wird üblicherweise als eine Fähigkeit gesehen, die Tieren mit einem komplexen Nervensystem vorbehalten ist. Eine Studie aber hat gezeigt, dass auch soziale Wespen zu sogenannten transitiven Schlussfolgerungen fähig sind. Transitive Logik verläuft nach folgendem Muster: Wenn A größer ist als B und B größer als C, dann ist A auch größer als C. Die Wissenschaftler hatten in einem Experiment soziale Wespen in ein Gefäß gesetzt und auf vier Paare von fünf Farben in einer Serie trainiert. Diese Farben wurden mit den Buchstaben A bis E bezeichnet. Immer zwei Farben wurden ihnen angeboten, und immer wenn sie sich der Farbe mit dem Buchstaben zuwandten, der weiter hinten im Alphabet steht, bekamen sie über den Boden der Versuchsarena einen leichten, ungefährlichen Stromstoß. Bei der Farbe mit dem Buchstaben weiter vorne im Alphabet bekamen sie keinen Stromstoß. Die Wespen lernten anfänglich, die alphabetisch unmittelbar nebeneinander liegenden Paare zu unterscheiden: A vor B, B vor C, C vor D und D vor E. Nachdem sie gelernt hatten, in diesen Paaren den jeweils weiter vorne liegenden Buchstaben zu bevorzugen, wurden sie auf die Paare B/D und A/E getestet. Tatsächlich schafften die Wespen es, einen logischen Schluss herzustellen. Rund 65 Prozent der Wespen bevorzugten B vor D und A vor E.

Ein solches logisches Denken konnte bislang nur bei den sozialen Feldwespen nachgewiesen werden, und selbst Honigbienen, die dieselben Tests durchlaufen haben, waren zu diesen Leistungen nicht befähigt. Die Wissenschaftler nehmen an, dass die Ursache für die Entstehung dieser Fähigkeit in der

Sozialstruktur der Feldwespen liegt. Deren Nester werden – anders als bei Vespinen – in der Regel von mehreren Königinnen gegründet, zwischen denen eine streng lineare Rangordnung besteht. Feldwespenköniginnen verbringen eine bedeutende Zeit ihres Lebens damit, Dominanzbeziehungen untereinander auszufechten. Die Fähigkeit zu transitiven Schlüssen könnte ihnen helfen, diese hierarchischen Beziehungen zwischen ihnen zu bestimmen.

Diese Vermutung stimmt mit dem Ergebnis einer anderen Untersuchung überein. Dieselbe Arbeitsgruppe hatte zwei konkurrierende Feldwespenköniginnen in eine Arena gesetzt und miteinander kämpfen lassen. Sozusagen auf den Zuschauerrängen befanden sich andere Königinnen, abgetrennt durch eine durchsichtige Absperrung. Danach wurden die Zuschauerinnen einzeln mit einer zuvor beobachteten Kontrahentin in die Arena gesetzt. Es zeigte sich, dass Zuschauerinnen-Wespen besonders aggressiv gegen die zuvor unterlegene Königin vorgingen. Wespen können also nicht nur durch Beobachtung die Kampfstärke einer potenziellen Konkurrentin einschätzen, sondern auch noch ihr Kampfverhalten entsprechend anpassen. Dazu müssen sie allerdings ihre Wespenkolleginnen individuell erkennen und wiedererkennen, und dies tun sie anhand der sehr variablen Gesichtsfärbung. Tatsächlich, Feldwespen erkennen sich gegenseitig individuell am Gesicht.

Im Gegensatz zu der Vermutung, die einzelnen Tiere eines umfangreichen Wespenstaates seien kaum mehr als entindividualisierte Werkzeuge im Spiel der Gene ihrer Königin, zeigt sich doch, dass jede einzelne von ihnen über erstaunliche individuelle Fähigkeiten verfügt. Wer würde das vermuten, sieht man die lästigen Quälgeister auf dem Pflaumenkuchen sitzen. Als Individuen repräsentieren sie nicht nur ihren Staat, dessen Existenz und Überleben erst durch die gemeinschaftlichen Tätigkeiten aller Arbeiterinnen und ihrer Königin möglich ist. Die einzelne Wespe legt keinerlei Wert darauf, mit uns Menschen in Interaktion zu treten. Wer will es ihr auch verübeln, wenn man bedenkt, dass sie üblicherweise gehasst und in der Konsequenz verfolgt, getötet und vernichtet werden soll. Aus gutem Grund sind soziale Wespen bei uns geschützt, sind ihre Nester doch für uns und unser technisches und chemisches Waffenarsenal leichte Beute. Den Wespen ist es gelungen, unserer Ablehnung zu widerstehen und trotz allem ihrer Ausrottung zu entgehen. Vielleicht sollte das uns Zeichen sein, den Staat nicht nur wegen seiner Dienstleistungen in der Natur zu würdigen, sondern darüber hinaus die einzelne Wespe in ihrer Individualität und ihrer wehrhaften Schönheit wertzuschätzen.

Europäische Hornisse

Vespa crabro

European Hornet
Frelon européen

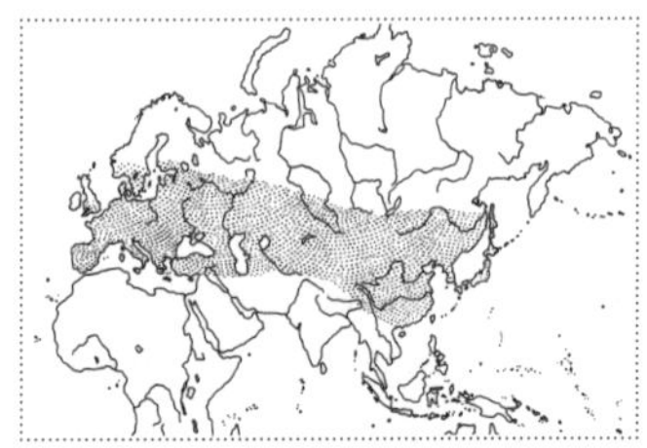

Diese größte soziale Faltenwespe in Europa ist nicht nur an ihrer Körpergröße, sondern auch an ihrer Färbung leicht zu erkennen: Die Vorderhälfte des Körpers ist auffällig schwarz-rot, die hintere Hälfte ab dem zweiten Hinterleibssegment gelb-schwarz.

Ihre Nester legt sie in dunklen und trockenen Hohlräumen an, etwa in Baumhöhlen und auf Dachböden. Durch luftgefüllte Taschen in der Außenhülle werden die Papiermaschee-Nester auf einer konstanten Temperatur gehalten. Steigt die Temperatur dennoch, kühlen die Arbeiterinnen das Nest durch Flügelschlag-Ventilation und durch das Eintragen von Wasser.

Hornissen sind ausnehmend friedfertig und suchen im Gegensatz zu vielen anderen sozialen Faltenwespen nicht die Nähe des Menschen an der Kaffeetafel und beim Grillen. Versehentliche Zusammenstöße, bei denen Menschen gestochen werden, sind selten und gehen entweder auf die unvorsichtige Annäherung an das Nest oder auf den ungeschickten Versuch zurück, eine versehentlich ins Haus geflogene Arbeiterin wieder in die Freiheit zu bugsieren. Auf der Schmidt-Schmerz-Skala liegt die in Deutschland besonders geschützte Europäische Hornisse mit einem Wert von 2,0 im Mittelfeld und damit in etwa im Bereich der anderen sozialen Wespen in Europa. Aufgrund ihrer beeindruckenden Größe wird der Europäischen Hornisse jedoch eine enorme Gefährlichkeit nachgesagt. »Drei Hornissenstiche töten einen Menschen, sieben ein Pferd«, ist eine landläufige Behauptung, die aber unwahr ist.

30 mm

Gemeine Wespe
Vespula vulgaris

Common Wasp
Guêpe commune

Der Stich dieser Wespe ist ebenso gemein wie der aller sozialen Wespen, ihren Namen hat sie aufgrund ihrer Häufigkeit. Sie ist zusammen mit der Deutschen Wespe *Vespula germanica* die in Mitteleuropa am weitesten verbreitete soziale Wespe. Die beiden Arten kann man in der Regel gut an der Zeichnung auf ihrem Kopfschild unterscheiden. Während die Gemeine Wespe auf dem gelben Schild eine meist ankerförmige schwarze Markierung hat, besitzt die Deutsche Wespe dort in der Regel nur drei schwarze Punkte. Ursprünglich kam die Art in fast ganz Eurasien und rund um das Mittelmeer vor. Nach Osten reicht ihr Verbreitungsgebiet bis Japan. Die Deutsche Wespe ist ein äußerst anpassungsfähiger Generalist und Kulturfolger und wurde vom Menschen in die meisten Regionen der Erde verschleppt. In manchen Regionen wie in Neuseeland, wohin sie 1980 eingeschleppt wurde, stellt die Gemeine Wespe durch Nahrungskonkurrenz und Räuberdruck eine erhebliche Bedrohung für die einheimische Tierwelt dar. Während die Staaten in ihrem ursprünglichen Verbreitungsgebiet einjährig sind und im Winter zugrunde gehen, können sie in wärmeren Gebieten mehrere Jahre existieren und entsprechend groß werden. Üblicherweise leben in einem Nest am Ende der Saison im Spätherbst bis zu 4000 Arbeiterinnen.

Die Gemeine Wespe ist ähnlich wie die Deutsche Wespe ein Dunkelhöhlenbrüter und baut ihre Nester flexibel an vielen verschiedenen Orten auch in der Nähe des Menschen.

15 mm

Mittlere Wespe
Dolichovespula media

Median Wasp
Guêpe des buissons

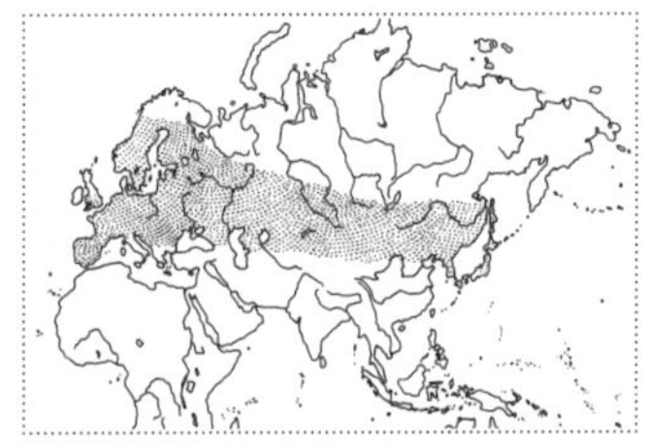

Im Gegensatz zur Deutschen und zur Gemeinen Wespe, die zu den Kurzkopfwespen gehören, ist die Mittlere Wespe eine Langkopfwespe. Namensgebend ist der Abstand zwischen dem unteren Rand der Komplexaugen und der Mandibel, also dem Oberkiefer. Bei den Kurzkopfwespen berühren sich beide fast, bei den Langkopfwespen trennt das Auge und den Kiefer ein deutlicher Abstand. Die Königinnen der Mittleren Wespe haben eine beachtliche Körpergröße und besitzen einen teilweise rot-braun gefärbten Thorax. Dadurch ähneln sie der Europäischen Hornisse, weshalb die Mittlere Wespe auch irreführend als Kleine Hornisse bezeichnet wird. Die Arbeiterinnen sehen vollkommen anders aus und besitzen nur eine dünne gelbe Hinterleibsstreifung bei einer überwiegend schwarzen Körperfärbung.

Die Mittlere Wespe ist eine ausgesprochene Freinisterin. Sie legt ihre meist kugelförmigen grauen Papiernester sichtbar in Bäume und Büsche oder an Häusern zum Beispiel unter Dachrinnen in bis zu vier Metern Höhe an. Das Einflugloch in das ansonsten vollständig verschlossene Nest befindet sich meist unten oder leicht seitlich. Zu einem frühen Stadium des Nestbaus ist der Eingang manchmal zu einem langen Schlauch ausgezogen, der später zurückgebaut wird. Wie alle Langkopfwespen geht die Mittlere Wespe nicht an süße Nahrungsmittel oder Fleisch, sondern holt sich ihre Nahrung an natürlich vorkommenden Zucker- und Proteinquellen. Auch ansonsten ist es eine friedliche Art, von deren Nestern keine Gefahr ausgeht.

20 mm

Gemeine Schornsteinwespe

Odynerus spinipes

Spiny mason wasp
Odynère commun

Die Gemeine Schornsteinwespe gehört ebenso wie die sozialen Wespen zu den Faltenwespen, sie lebt aber solitär. Das bedeutet, dass jedes Weibchen für sich ein Einzelnest baut, in dem ihre Nachkommen ohne Hilfe von Artgenossen heranwachsen. Ihren Namen hat die Schornsteinwespe wegen ihres Nestbaus erhalten. Sie baut ihre Nester meist in lehmige Steilwände, manchmal auch in den Boden. Dazu graben die Weibchen einen Gang in das Substrat, der bis zu acht Zentimeter lang sein kann und von dem bis zu sieben Brutzellen seitlich abgehen. Der durch die Grabtätigkeit entstehende Abraum wird mit herbeigetragenem Wasser vermischt, und aus dem entstehenden feuchten Lehm baut die Wespe eine mehrere Zentimeter lange, an Steilwänden leicht nach unten gebogene Eingangsröhre. Die Röhren sind aus locker zusammengeklebten Lehmkügelchen geformt und daher recht instabil. Ein starker Regenguss kann sie leicht zerstören. Die Schornsteine dienen als Materiallager für den Aushub und werden am Ende der Nestbauaktivität für den Verschluss des Nestes wieder abgebaut.

In jede Brutkammer legt die Schornsteinwespe ein Ei, das an einem Faden von der Zellendecke hängt. Bis zu dreißig gelähmte Larven nur einer bestimmten Rüsselkäfergattung hinterlässt das Weibchen als Futter für ihren eigenen Nachwuchs. Die geschlüpften Wespenlarven fressen nach und nach die Rüsselkäferlarven auf und verpuppen sich schließlich. Aus der Puppe schlüpft nur wenig später eine neue Schornsteinwespe.

15 mm

Orientalische Mauerwespe
Sceliphron curvatum

Asian mud-dauber wasp
Pélopée courbée

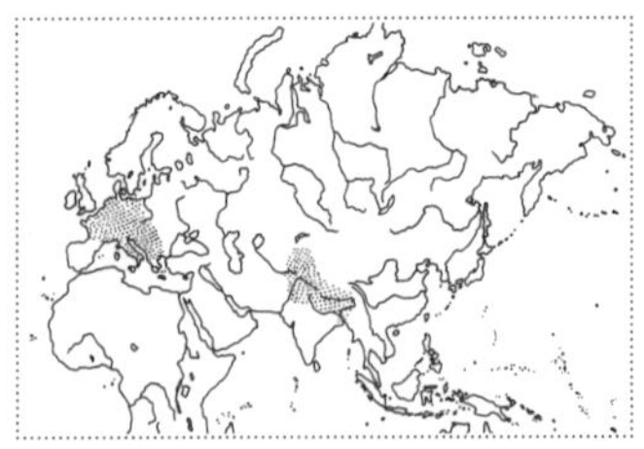

Sie ist eine eingewanderte Art, die hier in Mitteleuropa eigentlich nichts zu suchen hat. Dennoch freue ich mich immer über diese grazile Wespe mit ihren Lehmnestern. Die Orientalische Mauerwespe kommt erst seit 1979 in Europa vor, seitdem breitet sich die auffällige Art stetig in Europa aus. Sie ist eine solitär lebende Grabwespe, die anders als die meisten Grabwespen nicht im Boden nistet. Stattdessen baut sie tönnchenförmige Lehmzellen, die sie in Reihen von fünf bis über dreißig anlegt. Das macht sie auch gern auf Dachböden, in Fensterrahmen und sogar in Schränken und Bücherregalen. Vielen Menschen sind die Lehmtöpfchen der Mauerwespe nicht bekannt, da sie in Deutschland erst seit Kurzem vorkommt, und in Internetforen sind Fragen nach dem Urheber dieser besonderen Lehmzellen besonders häufig.

Möglicherweise hat die Nistweise der Mauerwespe mit ihren Lehmzellen, die sie an Baustoffen, Bauholz oder Möbeln befestigt, dazu geführt, dass sie aus ihrem ursprünglichen Verbreitungsgebiet vorwiegend in Indien und Nepal nach Europa verschleppt wurde und sich nun im Zuge der Klimaerwärmung rasant ausbreitet.

Die Wespe jagt kleine Spinnen aus verschiedenen Familien und befüllt jedes Lehmtöpfchen mit bis zu fünfzehn gelähmten Spinnen. Sind genügend Spinnen eingetragen, legt das Wespenweibchen ein Ei in die Zelle und verschließt sie mit einem Lehmdeckel. Die Wespenlarve ernährt sich von den gelähmten Spinnen und durchläuft drei Larvenstadien, um sich danach zu verpuppen.

15 mm

Europäischer Bienenwolf
Philanthus triangulum

European beewolf
Philanthe apivore

Jedes Weibchen des Bienenwolfs, einer Grabwespenart, baut ein einzelnes Nest, in das es gelähmte Honigbienen einträgt. Die Honigbienen werden vom Bienenwolf beim Blütenbesuch attackiert und blitzschnell gestochen. Schon nach wenigen Sekunden ist die Biene gelähmt und wird vom Bienenwolfweibchen im Flug zum Nest transportiert. Bis zu sechs Honigbienen legt das Wespenweibchen in jede Zelle seines bis zu eineinhalb Meter in den Boden reichenden Erdnestes.

Bienenwölfe sind wärmeliebend und nisten bevorzugt auf Sandflächen. An geeigneten Orten können sie riesige Aggregationen aus vielen Hundert Einzelnestern bilden. Im Fall großer Nestaggregationen können den Bienenwölfen eine größere, aber unbedenkliche Zahl an Honigbienen zum Opfer fallen, weshalb sie fälschlicherweise von Imkern als Schädlinge gesehen werden.

In den letzten Jahren haben Wissenschaftler festgestellt, dass Bienenwolfweibchen eine außergewöhnliche Form der Symbiose mit Bakterien der Gattung *Streptomyces* eingehen. Die Bakterien leben in Drüsen der Wespenantennen und sondern eine Mischung aus neun antibiotischen Substanzen ab. Die Wespen schmieren diesen antibiotischen Cocktail an die Brutzelleninnenwand, von wo er von den Larven aufgenommen und in ihren Kokon eingebaut wird. So schützt die Wespe ihre Brut effektiv gegen bakteriellen und Schimmelpilzbefall in der feuchten Atmosphäre der Brutkammer.

15 mm

Gemeine Sandwespe
Ammophila sabulosa

Red-banded sand wasp
Ammophile des sables

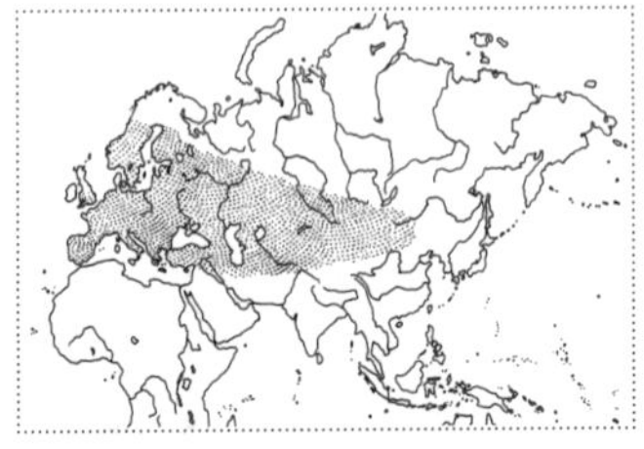

Die Gemeine Sandwespe ist eine der größten und auffälligsten Grabwespen in Mitteleuropa. Auf Sandwegen und anderen trockenen, schütter bewachsenen Flächen sieht man die Weibchen dieser schlanken, schwarz-roten Wespenart häufig beim Graben ihres Nestes und bei ihren langsamen Suchflügen. Noch auffälliger aber sind die Wespen, wenn sie grüne, unbehaarte Raupen mit ihren Oberkiefern als Larvennahrung in ihr Nest transportieren. Die Gemeine Sandwespe ist aufgrund ihrer Größe und ihrer Häufigkeit ein beliebtes Untersuchungsobjekt von Biologen. Die einzeln angelegten Nester werden bis zu einer Tiefe von ungefähr zwanzig Zentimetern in den sandigen Boden gegraben. Der dabei entstehende Sandaushub wird mit den Oberkiefern in der Nähe abgelagert. Das Wespenweibchen bringt nur ein bis zwei gelähmte Raupe in die einzige Brutzelle und legt ein Ei auf der Beute ab. Danach wird das Nest mit Sand und kleinen Steinchen verschlossen. Bemerkenswerterweise stampft die Wespe danach den sandigen Boden um den verschlossenen Nesteingang mit ihrem Kopf oder sogar mit einem Steinchen, das sie mit den Oberkiefern hält, fest. Ein seltener Fall von Werkzeuggebrauch bei Insekten.

20 mm

Kotwespe
Mellinus arvensis

Field digger wasp

Im Spätsommer sitzen die Weibchen der Kotwespe bei sonnigem Wetter oft zu mehreren auf den Hausmülltonnen. Der Geruch des Abfalls lockt Fliegen an, und auf die haben es die Kotwespen abgesehen. Die Jagdstrategie, sich in der Nähe von Kothaufen, Kuhfladen und anderen Geruchsquellen aufzuhalten, um Fliegen aufzulauern, ist auch der Anlass für den deutschen Namen dieser Art. Mit erstaunlichem Tempo stürzen sich die Wespenweibchen auf die Fliegen und lähmen sie mit einem Stich. Wie bei vielen anderen Grabwespen knetet auch die Kotwespe nach dem Fang die gelähmte Fliege mit ihren Oberkiefern kräftig durch, bis Tropfen der Körperflüssigkeit des Beutetieres austreten, die von der Wespe aufgeleckt werden.

Wie fast alle Grabwespen baut auch die Kotwespe ihre Nester allein. Sie bevorzugt dafür einen meist sandigen Untergrund, und an geeigneten Orten nisten häufig zahlreiche Kotwespen nebeneinander. Das Nest jedes Weibchens reicht je nach Bodenbeschaffenheit fast einen Meter in die Tiefe. Von diesem Hauptgang zweigen bis zu zehn horizontale Brutzellen seitlich ab, die mit bis zu dreizehn gelähmten Fliegen gefüllt werden. Die Kotwespe ist in Mitteleuropa eine der häufigsten und, dank ihrer nicht geringen Körpergröße, auffälligsten solitären Wespen.

10 mm

Frühlings-Wegwespe
Anoplius viaticus

Black-banded spider wasp

Gar nicht so selten kann man bei uns in Mitteleuropa beobachten, wie eine schlankbeinige Wespe eine offenbar gelähmte Spinne über den Boden zu ihrem Nest zieht. Dabei handelt es sich fast ausnahmslos um Wegwespen (Pompilidae). Eine der häufigsten Wegwespen-Arten in Deutschland ist die Frühlings-Wegwespe *Anoplius viaticus*. Sie ist auffallend schwarz glänzend, drei ihrer Hinterleibsringe aber sind leuchtend rot gefärbt.

Auch die Frühlings-Wegwespe ist eine solitär lebende Art. Im Gegensatz zu Grabwespen allerdings beginnt sie den Bau ihres Bodennests erst nach dem Beutefang. Sie jagt bevorzugt die bodenlebenden Wolfsspinnen (Lycosidae), die sie lähmt. Dann transportiert sie die Spinnen zu einem geeigneten Ort, legt sie dort ab und gräbt das Bodennest. Währenddessen ist das Beutetier gefährdet und wird manchmal von anderen Wegwespen entwendet, oder parasitische Fliegen legen ihre Eier auf die Spinne. Die Wegwespe zieht schließlich die gelähmte Beute in den von ihr gegrabenen Gang, legt ein Ei auf der Spinne ab und verschließt endgültig das kleine Bodennest.

Im Gegensatz zu den meisten anderen stechenden Hautflüglern überwintert die Frühlings-Wegwespe als erwachsenes Tier im Boden. Vom späten Frühling bis in den Spätsommer baut sie ihr Nest.

10 mm

Literatur- verzeichnis

Waldemar Bonsels: *Die Biene Maja und ihre Abenteuer,* 241. bis 296. Auflage. Berlin, Leipzig 1920.

Ryan E. Brock u. a.: »Ecosystem services provided by aculeate wasps«, in: *Biological Reviews* 96 (2021), S. 1645–1675.

Christopher von Bülow: »Menschliche *sphexishness.* Warum wir immer wieder dieselben Fehler machen«, (2001), {https://bit.ly/3EZaS8W} (unveröffentlicht).

John F. M. Clark: *Bugs and the Victorian,* New Haven, London 2009.

Mark J. Costello: »Taxonomy as the key to life«, in: *Megataxa* 1 (2020), S. 105–113.

Willy Daney de Marcillac u. a.: »Bright green fluorescence of Asian paper wasp nests«, in: *Journal of the Royal Society Interface* 18 (2021), 20210418.

Charles Darwin: *Über die Entstehung der Arten durch natürliche Zuchtwahl oder die Erhaltung der begünstigten Rassen im Kampfe um's Dasein,* 6. Auflage. Stuttgart 1876.

Richard Dawkins: *Der erweiterte Phänotyp. Der lange Arm der Gene,* Heidelberg 2010.

Howard E. Evans, Mary Jane West-Eberhard: *The Wasps,* Newton Abbot 1973.

Hans J. Gross u. a.: »Number-based visual generalisation in the honeybee«, in: *PLoS ONE* 4 (2009), e4263.

Alan P. N. House u. a.: »Inventive nesting behaviour in the keyhole wasp *Pachodynerus nasidens* Latreille (Hymenoptera: Vespidae) in Australia, and the risk to aviation safety«, in: *PLoS ONE* 15 (2020), e0242063.

Douglas R. Hofstadter: *Metamagicum. Fragen nach der Essenz von Geist und Struktur,* Stuttgart 1988.

Richard Jones: ***Wasp,*** London 2019.

Willy Kramp: ***Das Wespennest,*** Kassel 1959.

Theodor Lessing: ***Meine Tiere,*** Berlin 2004 (1925).

Phil Lester: ***The Vulgar Wasp,*** Wellington 2018.

John Lubbock: ***Ameisen, Bienen und Wespen. Beobachtungen über die Lebensweise der geselligen Hymenopteren.*** Leipzig 1883.

Andreas Nieder: »Honey bees zero in on an empty set«, in: *Science* 360 (2018), S. 1069–1070.

Michael Ohl: ***Stachel und Staat. Eine leidenschaftliche Naturgeschichte von Bienen, Wespen und Ameisen,*** München 2018.

Justin O. Schmidt: ***The Sting of the Wild,*** Baltimore 2016.

Antje Schmidt: »Zwischen Sinn(en)fülle und Widerstand – Bienen und Wespen als poetologische Symbole in der Lyrik Jan Wagners und Thomas Klings«, in: *Germanica* 64 (2019), S. 57–72.

Michael Schmitt: ***Insektenwunderwelt – Einstieg in die Entomologie,*** Berlin 2022.

Friedrich Schremmer: ***Wespen und Hornissen,*** Wittenberg 1962.

Wolfgang U. Schütte: ***›Mit Stacheln und Stichen …‹,*** Leipzig 1987.

Seirian Sumner u. a.: »Why we love bees and hate wasps«, in: *Ecological Entomology* 43 (2018), S. 836–845.

Elizabeth A. Tibbets u. a.: »Transitive inference in *Polistes* paper wasps«, in: *Biology Letters* 15 (2019), 20190015.

Sebastian Walter: »Etwa 11 500 Jahre alte Darstellungen von Hymenopteren aus Obermesopotamien (Körtik Tepe, SO Türkei): Neue Bestimmungsversuche und Interpretation«, in: *Entomologie heute* 27 (2015), S. 125–148.

Abbildungs-verzeichnis

Seite 48 Biene Maja.

Seite 53 *Stillleben mit Brot und Zuckerwerk*. Georg Flegel, ca. 1633–1636.

Seite 55 *Insekten*. Jan van Kessel d. Ä., Mitte 17. Jahrhundert © The Fitzwilliam Museum, Cambridge.

Seite 56 *Rosenzweig mit Käfer und Biene*. Rachel Ruysch, 1741.

Seite 59 *Tafel 54*. Maria Sybilla Merian: Metamorphosis Insectorum Surinamensium, Amsterdam 1705.

Seite 62 *Tafel XI*. Henri de Saussure: Études sur la famille des vespides, Band 3, Paris 1852–1858.

Seite 67 *Tafel XXIV*. Johann Ludwig Christ: Naturgeschichte, Klassification und Nomenclatur der Insekten vom Bienen, Wespen und Ameisengeschlecht, Frankfurt am Main 1791.

Seite 71 *Wasp*. Vignette für Apel·les Mestres's Gedicht »Liliana«, 1905.

Seite 77 und 82 *Tafel VIII, Tafel XXX*. Henri de Saussure: Études sur la famille des vespides, Band 2, Paris 1853–1858.

Seite 86 Tafel VII. Karl Möbius: Die Nester der geselligen Wespen, Hamburg, 1856.

Seite 93 *Zes wespen*. Isaac Weissenbruch, o. J.

Seite 96 *The Wasps*. Jules Michelet: The insect, London 1883.

Seite 101 *Brazilian Monkeys*. Sir Edwin Henry Landseer, 1842.

Seite 106 *Fabre's book of insects, retold from Alexander Teixeira de Mattos' Translation from Fabres* Souvenirs entomologiques *by Mrs. Rodolph Stawell*, illustrated by E. J. Detmold, New York 1921.

Seiten 115–131 Illustrationen von Falk Nordmann, Berlin 2022.

Michael Ohl, 1964 in Westfalen geboren, ist Wissenschaftler am Museum für Naturkunde Berlin, außerplanmäßiger Professor an der Humboldt-Universität Berlin und leidenschaftlicher Wespenforscher seit vielen Jahren. Er forscht über Themen der Evolutionsbiologie, Systematik und Taxonomie sowie der Wissenschaftsgeschichte.

NATURKUNDEN № 90
Erste Auflage Berlin 2023

NATURKUNDEN
herausgegeben von Judith Schalansky
erscheinen bei Matthes & Seitz Berlin
ermöglicht durch Jan Szlovak, Hamburg

MSB Matthes & Seitz Berlin Verlagsgesellschaft mbH
Großbeerenstraße 57A, 10965 Berlin
info@matthes-seitz-berlin.de
info@naturkunden.de

EINBAND UND TYPOGRAFIE Pauline Altmann, Palingen
nach einem Entwurf von Judith Schalansky
TITELILLUSTRATION Pauline Altmann, Palingen
SCHRIFT Ingeborg von Michael Hochleitner/Typejockeys
LITHOGRAFIE Tomas Mrazauskas, Berlin
HERSTELLUNG Hermann Zanier, Berlin
PAPIER 100 g/m² Fly 04 hochweiß, 1,2-faches Volumen
EINBANDMATERIAL Napura® Khepera von
Winter & Company GmbH, Lörrach
DRUCK UND BINDUNG Pustet, Regensburg

ISBN 978-3-7518-0225-3

www.naturkunden.de
www.matthes-seitz-berlin.de